웨딩 다이어트

100일이면 충분해

착 한 몸매를 위 한 착 한 레 시 피

웨딩
다이어트

100일이면 충분해

한지혜 지음

상상출판

〈일러두기〉
D−100일 다이어트인데 레시피는 왜 100개가 아니냐고요? 일주일에 이틀, 주말만큼은 다이어트 걱정을 내려놓길 바라는 마음을 담았답니다. 아무리 중요한 날을 앞두고 있더라도 100일 내내 다이어트를 한다면 오히려 너무 힘들어서 금방 포기하고 싶을 거예요. 책에 다양한 종류의 레시피가 칼로리 순으로 나와 있으니 D−100, D−60, D−30, D−7 파트 내에서 자신에게 맞는 레시피를 골라 다이어트를 해 보세요. 쉽게 지치지 않고 착한 몸매 만들기에 성공할 수 있을 거예요.

TOM TOM

Kenco
Medium Roast

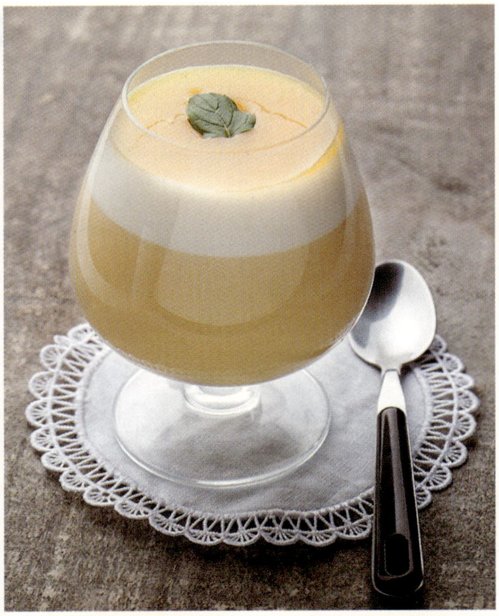
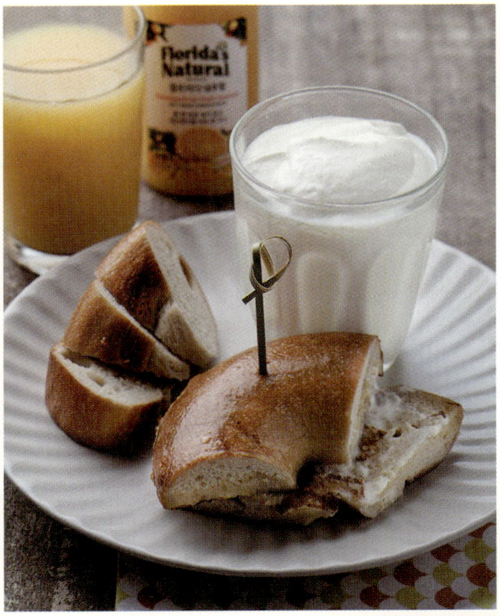
Florida's Natural
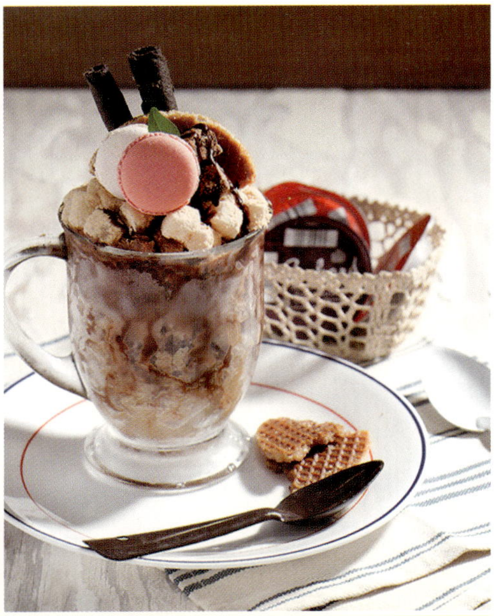
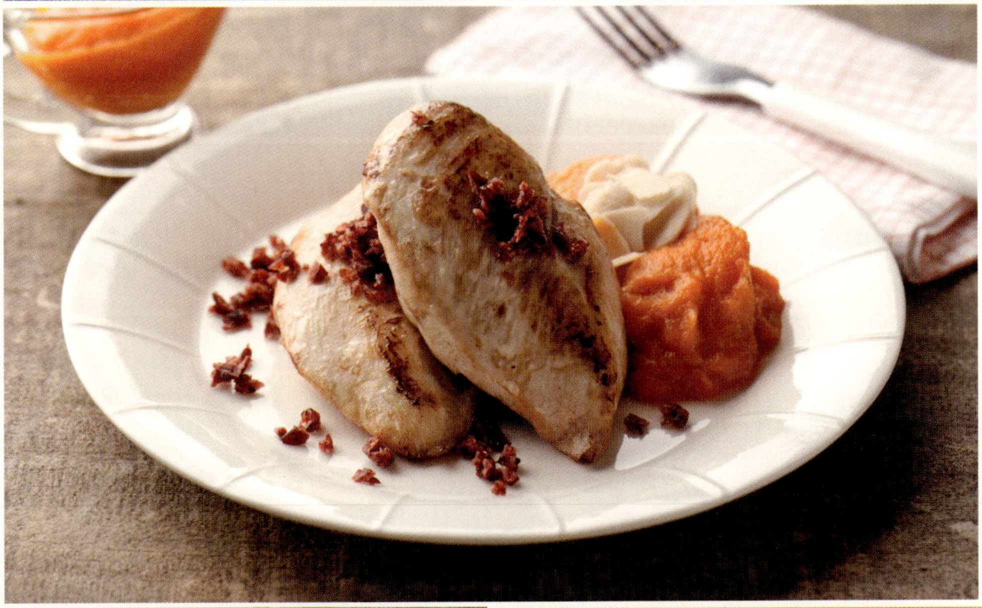
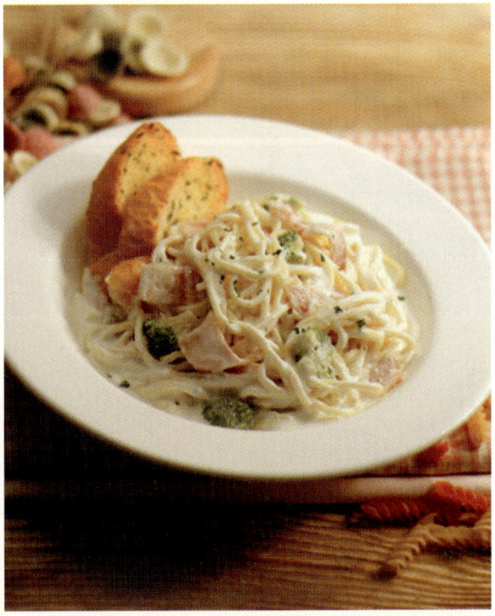
Florida's Natural
Florida's Natural

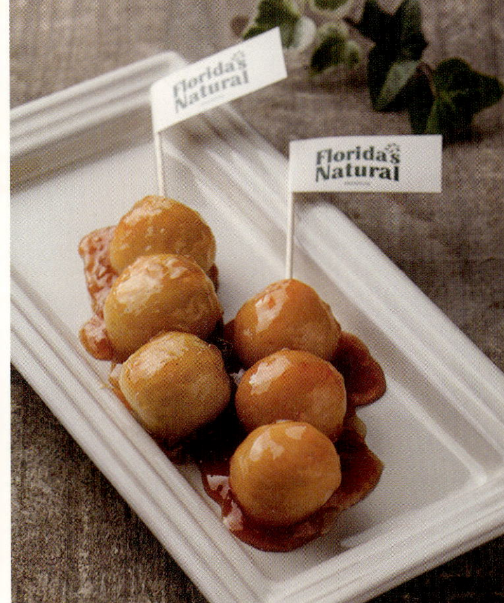

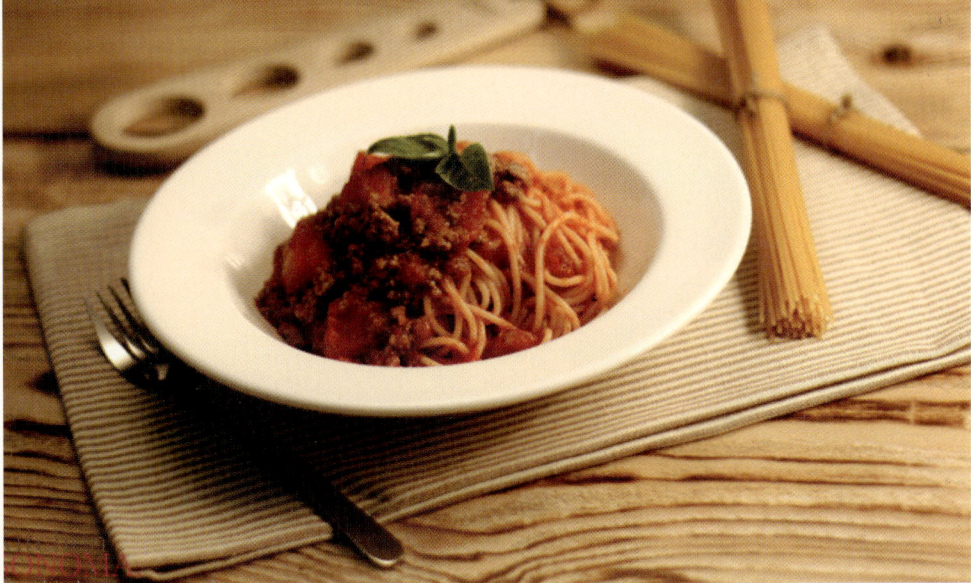

contents

D-100

Special page

D-60

Special page

D-30

Special page

**다이어트에 좋은 음식 &
피해야 할 음식** 174

D-7

부록

나의 D-day 는 '결혼'이었다

　20대로 접어들면서 다이어트는 매해 반복됐지만 매번 실패에 그쳤습니다. 여름이 다가올 때마다 살을 뺐다가도 요요 현상으로 다시 찌고 말았죠. 그렇게 다이어트에 한 번도 성공하지 못한 채 한해 두해가 지났고, 푸드 스타일리스트라는 직업을 갖게 되면서 바쁘게 활동하기 시작했습니다. 그러면서 자기관리하기가 더욱 어려워졌고, 점점 다이어트와 멀어졌어요.

　그러다가 제게도 피할 수 없는 다이어트 시간이 찾아왔습니다. 바로 결혼을 하게 된 것이죠. 바캉스, 면접, 소개팅, 동창회 등 중요한 일을 앞두고 다이어트를 하는 사람들이 많은 요즘, 저에게는 '결혼'이라는 D-day가 다가왔어요. 일생에 한 번뿐인 결혼식에서 가장 예쁘고 아름다운 신부가 되고 싶었고, 그래서 탄력 있는 몸매와 생기 있는 피부를 만들기 위한 다이어트를 결심했습니다. 건강하지 않은 다이어트를 시도했다가 예전처럼 결국 다시 요요 현상을 겪을 것을 생각하면 막막했기에 이번에야말로 기필코 올바르고 건강하게 살을 빼고자 식이요법을 병행하기로 마음먹었습니다. 하지만 시간이 흐르면서 점차 살에 대한 압박이 심해졌고, 결혼을 100일 남기고서야 다급해진 저는 책에 있는 레시피를 활용해 직접 요리를 하고 운동도 같이 시작했습니다.

처음에는 야식을 줄이고 그 다음에는 외식을 줄이는 방법으로 서서히 식이요법을 시작했고요. 그 다음으로 저염식 또는 채소와 재료 본연의 맛을 느낄 수 있는 요리법으로 요리스타일을 바꾸었고, 더 나아가 고열량 위주의 식습관을 고치고 내 몸에 건강을 불어넣어줄 수 있는 재료들을 중점으로 요리했습니다. 그 결과 결혼을 앞두고 몸무게를 10kg 가량 감량해 건강한 다이어트에 성공했고, 바람대로 예쁘게 드레스를 입고 결혼식장에 들어설 수 있었습니다.

이 책은 굶는 다이어트를 추천하지 않습니다. 물론 100일 동안 딱 참고 닭가슴살, 계란, 고구마, 바나나 등만 먹으면서 다이어트에 성공하는 신부들도 많을 거예요. 하지만 시간적 여유가 없거나, 매일 먹는 닭가슴살과 다이어트 식이 질리거나, 주말만큼은 마음 편히 먹고 싶다거나, 또는 다이어트에 자신 없으신 분들에게 힘을 북돋아 드리고자 이렇게 책을 씁니다.

보다 건강하게 살을 뺄 수 있도록, 결혼 후에도 요요 현상이 오지 않도록, 여자들이 싫어하는 배 나온 아줌마가 되지 않도록 미리 예방하는 책이라고 생각해 주세요. 더불어 이 책은 미래의 내 남편과 아이에게도 건강하게 해줄 수 있는 요리법을 담아냈습니다.

아름다운 그날을 꿈꾸시는 분들에게 응원을 보냅니다.

01
계량하기 &
재료 썰기

계량하기

요리를 처음 시작하는 사람은 물론 잘하는 사람에게도 참 어려운 게 재료의 계량인데요.
계량스푼이나 계량저울을 사용하면 편하지만, 만약 없다면 집에 있는 밥숟가락으로 계량해 보세요.

가루 재료 계량하기

소금, 설탕, 후추, 고춧가루…

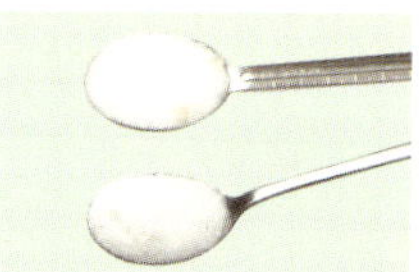

1큰술
1큰술은 큰 계량스푼 혹은
밥숟가락에 수북하게 담아
윗면을 평평하게 깎은 양

1작은술
1작은술은 작은 계량스푼에
수북하게 담아 위를 평평하게 깎은 양
혹은 밥숟가락에 1/2 정도 담긴 양

액체 재료 계량하기

간장, 식초, 맛술…

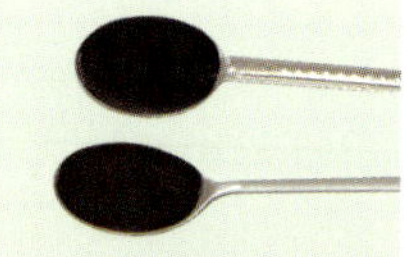

1큰술
1큰술은 큰 계량스푼 혹은
밥숟가락을 가득 채운 양

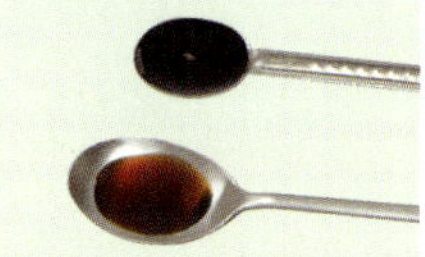

1작은술
1작은술은 작은 계량스푼을
가득 채운 양 혹은 밥숟가락에
1/3 정도 담긴 양

장류 계량하기

고추장, 된장…

1큰술
1큰술은 큰 계량스푼에 수북하게 담아
위를 평평하게 깎은 양 혹은
밥숟가락에 볼록하게 가득 담긴 양

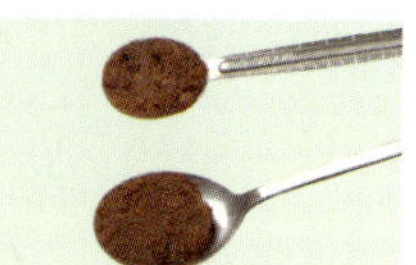

1작은술
1작은술은 작은 계량스푼에
수북하게 담아 위를 평평하게 깎은 양
혹은 밥숟가락에 2/3 정도 담긴 양

종이컵으로 액체 재료 계량하기

1컵
1컵은 종이컵에 가득 담긴 양으로
200㎖가 조금 못 되는 양

1/2컵
1/2컵은 종이컵을 반 정도 채운 양

재료 썰기

요리의 기본은 재료를 잘 써는 것에서부터 시작한다고 할 수 있습니다.
재료를 써는 방법에도 다양한 방법이 있는데요. 각양각색의 재료 써는 법을 소개할게요.

한입 썰기

다이스, 혹은 깍둑썰기라고도 해요.
말 그대로 한입에 넣기 좋은 크기로 써는 방법입니다.

슬라이스 하기

편 썰기라고도 하는 슬라이스는 재료의 모양을 살려 납작하고
얇게 써는 방법입니다. 마늘이나 오이, 레몬, 토마토, 닭가슴살 등
다양한 재료에 사용하는 썰기 방법이에요.

채 썰기

채 썰기는 요리를 하다 보면 여기저기에 많이 쓰이는
가장 일반적인 썰기 방법인데요. 당근, 양파, 오이 등의 재료를
실처럼 가늘고 길쭉하게 써는 것을 말합니다.

잘게 썰기

다지기라고도 하는데요. 재료를 여러 번 썰어서 재료의 원래 형태가
보이지 않을 정도로 아주 작게 만드는 것을 말합니다.
다진 마늘이나 다진 양파를 생각하면 알기 쉬울 거예요.

02
재료 손질하기 &
장보기 비법

재료 손질하기

닭가슴살

재료 닭가슴살 3kg, 저지방 우유 2L, 양파 1개, 마늘 10개, 파 1대, 후추 약간

1. 닭가슴살은 30분 정도 우유에 담가 비린내를 제거한다.
2. 양파, 마늘, 파, 후추를 넣고 끓인 물에 우유에 재워둔 닭가슴살을 넣고 삶는다.
3. 30분 정도 삶은 후 불을 끄고 식힌다.
4. 육수가 식으면 지퍼백에 400g씩 소분해 담은 후 2~3일 분량은 냉장고에, 남은 고기는 냉동실에 넣어두었다가 하루 전날 냉장고로 옮겨 해동해 먹는다.

*** 닭가슴살 양념 만들기**
마늘 1큰술, 식초 1큰술, 꿀 약간을 넣고 끓인 소스에 닭가슴살을 잘게 찢어 볶는다.
(활용 레시피 – 152페이지 참고)

단호박, 고구마, 감자

1. 단호박, 고구마, 감자를 깨끗이 씻어 준비한다.
2. 단호박은 잘 잘라지도록 전자레인지에 1분 정도 돌려 반쯤 익힌 후, 껍질째 잘라 씨를 제거하고 먹기 좋은 크기로 썬다.
3. 호일에 재료를 하나하나 싸서 170℃로 예열한 오븐에서 30분 정도 굽는다.
4. 남은 것은 냉장고에 보관해 두었다가 전자레인지에 돌려 데워 먹는다.

삶은 계란

1. 계란의 표면을 깨끗이 씻는다.
2. 30개 정도를 식초 2큰술과 약간의 소금을 넣은 물에 삶는다.
3. 20분 정도 삶아 체에 거른 후 찬물에 담가 껍질을 제거한다.
4. 4등분해서 노른자를 제거한 후 흰자를 하루 분량으로 포장한다. (노른자의 콜레스테롤은 필요 영양소가 많기 때문에 3개 중 하나 정도는 섭취해도 좋습니다.)

양배추

1. 신선한 양배추 1통을 구입한다.
2. 일주일 동안 먹을 분량을 소분해 지퍼백에 담아 냉장고에 보관한다.

* 시간이 지나면서 양배추의 표면이 검게 변할 수 있으니 먹을 양을 생각해서 7일 중 4일 분량은 조금 더 크게 잘라 보관하는 것이 좋습니다.

장보기

1. 닭가슴살

훈제팩 한 달에 한 번씩 대량으로 구입해 냉동실에 저장하고 필요할 때마다 적당량 꺼내 해동해서 먹는다.

냉동 닭가슴살 2주에 한 번 2kg 분량을 4봉지 사서 냉동실에 저장해둔다. 2kg씩 삶아 소분해 냉동실에 넣어두었다가 2일 분량씩 해동해서 먹는다.

2. 삶은 계란

일주일에 30개씩 구입해서 삶아 4개씩 냉장고에 넣어둔다. 노른자를 제거하고 흰자만 먹을 경우 6개씩 넣어둔다.

3. 훈제계란

3판 정도 구입 후 냉장고에 넣어두고 3~4주 정도 나눠 먹는다.

4. 브로콜리

알이 단단하고 꽃이 피지 않은, 색이 노랗게 변하지 않고 초록빛을 띠는 신선한 브로콜리를 구입한다. 브로콜리의 대에 구멍이 나 있거나 시들시들한 것은 구입하지 않는다.

5. 토마토

토마토, 방울토마토, 대추토마토 등은 꼭지가 떨어져 있지 않고 신선한 것을 구입한다. 줄기가 있는 토마토의 경우 줄기의 신선도도 함께 체크하고, 표면이 매끄러우며 반질거리는 것을 구입한다.

＊ 빨강색, 노랑색, 초록색 등 여러 가지 색의 토마토를 구입해서 먹으면 각각 조금씩 다른 맛을 느낄 수 있습니다.

6. 사과

사과 7개가 들어 있는 1봉지를 구입해 아침마다 1개의 사과를 먹는다. 1봉지 양이 일주일 분량보다 적다면 토마토로 대체해도 좋다.

7. 귀리와 콩류

귀리, 퀴노아, 렌틸콩 등을 1봉지씩 구입해 한 달 정도 나눠 먹는다.

8. 새우, 생선, 오징어 등의 해산물

해산물류는 손질되어 있는 냉동으로 구입해야 오래 보관할 수 있다. 매번 장을 볼 때마다 구입해서 일일이 손질하기 힘들 경우 깨끗이 손질되어 있는 해산물을 구입한다.

9. 무지방 우유

음료를 마시지 않으면 대체 음료로서 우유나 커피를 더욱 찾게 되기 때문에 무지방 우유는 넉넉히 구입해 두고 먹는다.

10. 무설탕 요거트

요거트는 드레싱으로 사용할 수도 있고 아침 대용으로도 훌륭하다. 일주일 분량의 큰 팩으로 구입해도 무난히 섭취가 가능하지만 체질에 따라 유산균이 몸에 맞지 않는 사람도 있으니 요거트의 유산균이 자신의 몸과 맞는지 확인해야 한다.

03
드레싱, 잼, 저염 발효식품 만들기

드레싱

요거트 드레싱

재료 무지방 요거트 1개, 파인애플링 1조각, 사과 1/3개

1. 사과는 깨끗이 씻어 껍질을 제거하고 작게 썬다.
2. 파인애플링도 작게 썬다.
3. 믹서기에 손질한 사과와 파인애플, 요거트를 넣고 간다.

발사믹 드레싱

재료 올리브유 1컵, 발사믹 식초 1컵, 자몽 주스 또는 오렌지 주스 1컵, 다진 양파 1큰술, 다진 마늘 1큰술

1. 다진 양파와 다진 마늘을 준비한다.
2. 올리브유와 발사믹 식초, 자몽 주스 또는 오렌지 주스를 함께 섞는다.
3. 2에 양파와 마늘을 넣고 섞은 후 냉장고에 보관한다.

토마토 살사 소스

재료 토마토 1개(방울토마토 10개), 양파 1/2개, 파프리카 노란색 1개, 레몬즙 1/3컵, 소금 약간, 고추 1개, 올리브유 1/2컵

1. 토마토는 깨끗이 씻어 껍질을 제거하고 다진다.
2. 양파와 파프리카도 깨끗이 씻은 후 잘게 다진다.
3. 고추는 씨째로 다진다.
4. 레몬즙, 소금, 올리브유를 손질한 재료와 섞어 차게 보관한다.

마늘 페이스트

재료 올리브유 2컵, 마늘 6쪽

1. 마늘은 꼭지를 떼고 깨끗이 씻은 후 잘게 다진다.
2. 유리 용기에 올리브유와 마늘을 넣고 2일 정도 숙성시킨다.

잼

사과 양파잼

재료 사과 2개, 양파 1/2개,
아가베 시럽 1작은술

1. 사과는 깨끗이 씻어 작게 썬다.

2. 양파도 깨끗이 씻어 잘게 다진다.

3. 뚜껑이 있고 잘 눌어붙지 않는 냄비에 손질한 사과와
양파를 넣어 약불로 찐다.

4. 15분 정도 지나면 주걱으로 재료를 볶듯이 젓는다.

5. 양파와 사과가 물러지면 아가베 시럽을 넣고 섞은 후 식힌다.

토마토 마늘 양파 잼

재료 방울토마토 20개, 마늘 20개,
발사믹 식초 5큰술, 올리브유 5큰술,
양파 1/2개

1. 토마토는 끓는 물에 넣었다가 찬물에 담가 껍질을 제거한다.

2. 마늘과 양파는 깨끗이 씻어 잘게 다진다.

3. 팬에 모든 재료를 넣고 조린다.

저염 발효식품

저염 간장

재료 간장 2컵, 양파 1개, 파 1대, 마늘 4개, 다시마 1장

1. 준비한 채소를 깨끗이 씻어 양파는 깍둑썰기 하고
파는 3cm 크기로 썬다.

2. 냄비에 간장과 양파, 파, 마늘, 다시마를 넣고
약불에서 저어주며 5분 정도 끓인다.

3. 미지근해질 정도로 식힌 후 유리 용기에 넣어 보관한다.

* 유리 용기에 담은 간장은 두 달 정도 보관이 가능합니다.

저염 고추장

재료 고추장 2컵, 미숫가루 또는 선식가루 1/2컵, 멸치가루 2큰술, 새우가루 2큰술

1. 고추장에 미숫가루 또는 선식가루와 멸치가루,
새우가루를 넣는다.

2. 가루가 뭉치지 않게 잘 섞은 후 유리 용기에 넣어 냉장고에
보관한다.

* 유리 용기에 담은 고추장은 2주 정도 냉장고 보관이 가능합니다.
냉장고 보관이 길어져 고추장이 딱딱해진 경우 참기름을 1큰술 정도 넣어
섞어주면 부드러워집니다.

저염 된장

재료 된장 2컵, 쌀겨 1컵, 오이 2개

1. 된장에 쌀겨를 넣고 골고루 섞는다.

2. 1을 유리 용기에 담은 후 깨끗이 씻은 오이를 넣고 잘 섞는다.

3. 냉장고에 2일 정도 숙성시킨 후 오이는 꺼내 생수로 씻어
반찬으로 먹고, 물이 생긴 된장은 다시 잘 섞어 냉장 보관한다.

04

코티지 치즈
만들기

재료

우유 1L, 레몬 1개

Recipe

1. 우유와 깨끗이 씻은 레몬을 준비한 후 레몬의 반을 갈라 즙을 짜낸다.
2. 냄비에 우유를 넣고 중불에 끓이다가 냄비의 가장자리가 끓기 시작하면 레몬즙을 넣는다.
3. 우유가 몽글몽글하게 뭉쳐지면 불을 끄고 체에 거즈를 올린 후 우유를 부어 거른다.
4. 거즈를 동글하게 말아 물기를 뺀다.

🔖 Tip

코티지 치즈를 샐러드나 샌드위치, 카나페 등 다양한 요리에 곁들여서
먹으면 더욱 깊은 향과 풍미를 느낄 수 있습니다.
책에도 코티지 치즈를 활용한 여러 가지 레시피가 있으니
한번 따라해 보세요.

05

냉장고
채워두기

냉장실

싱싱칸
소분한 닭가슴살, 삶은 계란, 삶은 고구마,
삶은 감자, 단호박, 연어, 신선한 해산물

첫 번째 칸
소분한 채소
(각각 지퍼백 또는 유리 반찬통에 담아 보관)

두 번째 칸
소분한 과일

세 번째 칸
매일 먹는 반찬들, 샐러드류

과일, 채소 칸
소분하지 않은 채소와 과일

냉동실

위 칸
냉동 닭가슴살(삶기 전), 삶은 닭가슴살(소분팩),
소고기 소분팩, 돼지고기 소분팩, 해산물 소분팩

아래 칸
가쓰오부시, 곡물, 다시마팩,

냉장실 문

첫 번째 칸 계란, 일회용 소스류

두 번째 칸 홈메이드 드레싱 또는 홈메이드 잼

세 번째 칸
무지방 요거트,
무지방 우유, 생콩두유,
우려낸 차

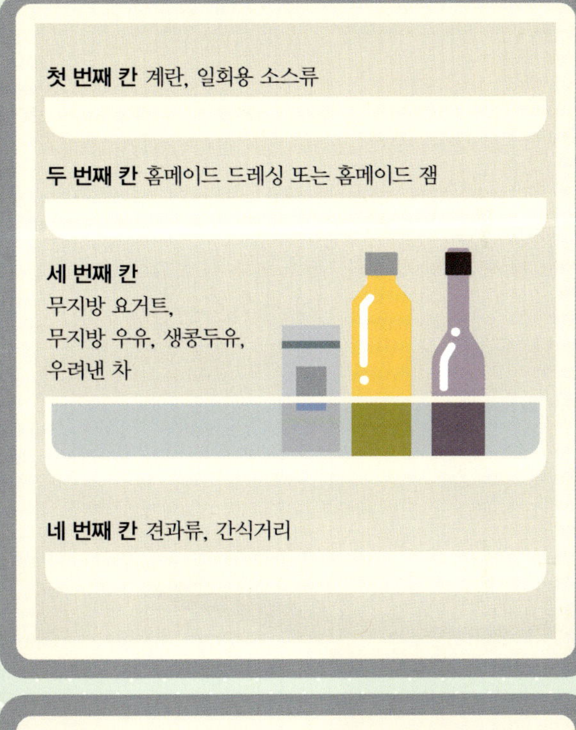

네 번째 칸 견과류, 간식거리

냉동실 문

육수팩, 다진 마늘, 다진 생강

D-100

Special page

외식, 회식 현명하게 대처하기

01
케일 퀴노아 밥

고단백, 고영양 식품으로 체력을 다지는 데 도움이 되는 퀴노아 밥으로 다이어트를 시작해 보는 건 어떨까요?
4회분으로 나눠 먹을 수 있는 양이기 때문에
밀폐용기에 1회분씩 나눠 두었다가 한끼 식사로 간편하게 드세요.

927.9
kcal

3인 기준

재료
케일 2장, 퀴노아 1/2컵, 현미 1컵, 다시마 1장

Recipe

1. 물 2컵에 현미를 넣고 2시간 정도 불린다.
2. 솥에 퀴노아와 현미를 넣고 2cm 정도 위로 물을 넣은 후 다시마를 얹는다.
3. 케일은 깨끗이 씻은 후 돌돌 말아 두툼하게 채 썬다.
4. 뚜껑을 열고 센 불에 끓이다가 물이 끓어오르면 뚜껑을 덮고 중불로 줄인 후,
   밥이 다 되면 케일을 넣고 약불에 재가열하거나 뜸을 들인다.
   (압력밥솥은 취사버튼을 누르면 됩니다.)

🔒 Tip

현미를 물에 불려 밥을 해 먹을 여유가 없다면 마트의 즉석도정코너에서
5분도미로 도정해 사용해도 좋습니다.

1

2

3

4

시푸드 콜드 파스타

포만감 100%의 상큼한 시푸드 콜드 파스타. 운동 후에 먹어도 좋고 도시락 메뉴로도 안성맞춤이에요.
주위 사람들이 한 번 먹어보면 다들 레시피 알려달라고 할지도 모를 만큼 맛있는 요리랍니다.

876.4 kcal

3인 기준

재료

새우 1줌, 오징어 1/2개, 숏파스타 1컵, 파프리카 1/4개, 양파 1/4개, 오이 1/3개,
방울토마토 4개, 오렌지 1/2개, 와사비 약간, 후추 약간, 레몬즙 약간, 올리브유 3큰술, 간장 1작은술

Recipe

1. 끓는 물에 숏파스타를 삶아 완전히 익힌다.
2. 새우와 오징어는 깨끗이 씻어 먹기 좋게 손질한 후 새우에 색깔이 날 정도로 팬에 볶는다.
3. 오이와 양파, 파프리카, 방울토마토를 깨끗이 씻어 방울토마토는 반으로 자르고,
   오이는 슬라이스, 양파와 파프리카는 비슷한 크기로 채 썬다.
4. 오렌지 과육과 와사비, 후추, 레몬즙, 올리브유, 간장을 섞어 드레싱을 만든 후 손질한 재료에 버무린다.

♔ Tip

통밀 파스타 또는 퀴노아 파스타 등의 건강 파스타면을 이용하는 것도 좋은 방법입니다.

1

2

3

4

03
귀리밥 주먹밥

옥수수 씹는 것처럼 톡톡 터지는 재미가 있는 귀리밥은 도시락 메뉴로도 손색없는데요.
식이섬유가 풍부한 귀리는 다이어트 초반에 먹는 양이 확 줄었을 때 원활한 장 운동을 도와줄 고마운 친구가 될 거예요.

860.6 kcal

2인 기준

재료
귀리밥 1공기(200g), 참기름 1작은술, 간장 1작은술, 고춧가루 1작은술, 파 1/2대,
가쓰오부시 1/2줌, 닭가슴살 슬라이스햄 3장

Recipe

1. 파는 깨끗이 씻어 송송 채 썬 후 팬에 고춧가루와 함께 숨이 죽도록 볶는다.
2. 닭가슴살 슬라이스햄은 팬에 앞뒤로 노릇하게 굽는다.
3. 귀리밥에 참기름, 간장, 가쓰오부시를 섞고 주먹밥 크기로 모양을 만든 후
   볶은 파와 닭가슴살 슬라이스햄을 올린다.

♠ Tip
귀리밥 주먹밥을 만들 때는 귀리를 충분히 불린 후 밥을 해야 잘 뭉쳐집니다.

2

3

04
귀리 렌틸콩 스프

고소하고 부드러운 맛의 귀리 렌틸콩 스프.
체력이 약해졌거나 몸이 안 좋을 때 먹으면 슈퍼 파워를 낼 수 있는 고단백 음식이에요.

823.5
kcal

2인 기준

재료
으깬 귀리(오트밀) 1/2컵, 렌틸콩 1/2컵, 우유 4컵

Recipe

1. 끓는 물에 렌틸콩을 넣고 15분 정도 끓여서 익힌 후 물기를 제거한다.
2. 우유에 으깬 귀리를 넣어 살짝 불린다.
3. 냄비에 1과 2를 넣고 바닥에 눌어붙지 않게 잘 저어주며 10분 정도 끓인다.
4. 뭉근하게 끓은 3을 식혔다가 미지근해지면 믹서기에 넣고 간다.

♀ Tip

스프는 끓이면 양이 많아질 뿐만 아니라 먹었을 때 포만감도 금방 생깁니다.
4회 분량으로 나눠서 냉장고에 보관했다가 우유 1/2컵을 넣고 데워서 먹는 것도 좋습니다.

1

2

3

4

05
낫토 피자

다이어트를 하다 보면 먹고 싶은 음식이 너무 많아요. 그 중에서도 피자를 빼놓을 수 없죠.
요즘은 집에서도 간단하고 손쉽게 피자를 만들어 먹기도 하는데요.
낫토를 이용해 조금 더 건강한 피자를 만들어보면 어떨까요? 가족들과 나눠 먹는 재미도 있어 더욱 좋답니다.

802.3 kcal

2인 기준

재료
또띠아 1장, 낫토 100g, 토마토 1/2개, 양파 1/4개, 연어 80g, 파프리카 1/4개, 마늘 2개,
저열량 굽는 치즈 60g, 두부 1/4모, 선식 2큰술, 올리브유 1큰술

Recipe

1. 믹서기에 두부, 선식, 올리브유를 넣고 갈아 두부소스를 만든다.
2. 달구지 않은 팬에 또띠아를 올린 후 1을 골고루 바른다.
3. 그 위에 토마토 슬라이스와 잘게 썬 연어, 양파 슬라이스, 튀긴 마늘, 낫토, 작게 썬 파프리카,
   저열량 굽는 치즈를 올려 180℃로 예열한 오븐에서 10분간 굽는다.
4. 샐러드 채소를 올리거나 곁들인다.

🔒 Tip
두부소스는 냉장고에 보관했다가 샐러드 드레싱으로 먹어도 좋습니다.

1 2 3 4

06

기름기 쏙 뺀 닭백숙

다이어트에 빠질 수 없는 식품인 닭가슴살. 이제 슬슬 닭과 친해질 시간입니다.
닭가슴살, 닭 안심과 친해지기 위한 워밍업!
여러 가지 채소를 곁들여 담백하게 먹을 수 있는 건강식 닭백숙을 만들어 보세요.

787.8
kcal

2인 기준

재료
닭 1마리, 돼지감자 2개, 연근 10cm, 우엉 10cm, 당근 1/3개

Recipe

1. 닭은 꼬리부분을 잘라내고 껍질을 벗겨 기름기를 제거한다.
2. 끓는 물에 닭을 넣어 15분간 삶은 후 꺼내 찬물로 구석구석 씻는다.
3. 감자와 연근, 당근, 우엉을 깨끗이 씻은 후 우엉은 길게 썰고 나머지 채소는 한입 크기로 썬다.
4. 냄비에 물 1.5L를 넣고 끓인 후 손질한 닭과 채소를 넣어 30분 정도 더 끓인다.

◆ Tip

소금 대신 고소한 선식가루나
새우가루에 찍어 먹으면 좋습니다.

1

2

3

4

07
채소라면

라면 하나를 두 명이서 배불리 먹을 수 있는 방법!
가끔 라면이 먹고 싶을 때, 그런데 사람은 두 명인데 라면은 한 개일 때 이렇게 끓여 먹고는 해요.
여러 가지 채소를 한가득 넣은 건강한 저염식 채소라면을 소개할게요.

740.7 kcal

2인 기준

재료
라면 1봉지, 숙주나물 1줌, 고사리 1줌, 훈제 닭가슴살 130g, 계란 1개, 파 1/2개, 양파 1/2개

Recipe
1. 고사리는 한 번 삶아 냄새를 제거한 후 물기를 뺀다.
2. 파와 양파는 깨끗이 씻어 파는 슬라이스 하고 양파는 채 썬다. 닭가슴살은 잘게 찢는다.
3. 냄비에 라면 봉지에 기재된 만큼의 물을 넣고 라면 1/2개와 스프 1/2개, 양파, 고사리를 넣고 끓인다.
4. 라면이 꼬들꼬들하게 익으면 숙주와 닭가슴살, 파, 계란을 넣는다.

Tip
면을 한 번 삶아서 끓이면 라면의 기름기까지 제거할 수 있습니다.

1

2

3

4

08
퀴노아 치킨 리조또

인삼의 은은한 향을 가지고 있는 퀴노아로 리조또를 만들어 보세요.
퀴노아는 탄수화물이 아닌 단백질 덩어리이기 때문에 칼로리 걱정은 내려놓아도 괜찮아요.

732 kcal

2인 기준

재료
퀴노아 1컵, 닭 안심 100g, 양파 1/2개, 올리브유 1큰술, 페페론치노 3개,
마늘 페이스트 1큰술, 오렌지 주스 또는 식초

Recipe

1. 양파는 깨끗이 씻어 잘게 다지고 닭 안심은 먹기 좋은 크기로 손질해서
   팬에 오렌지 주스 또는 식초를 넣고 함께 볶는다.
2. 퀴노아는 깨끗이 씻은 후 끓는 물에 20분 정도 끓여 익힌다.
3. 1이 졸면 올리브유와 마늘 페이스트, 페페론치노를 넣고 볶는다.
4. 모든 재료를 잘 섞은 후 퀴노아를 넣고 볶는다.

♟ Tip

훈제 닭가슴살이나 통조림 닭가슴살을 이용하면 더욱 빠르게 요리할 수 있습니다.
다진 마늘을 올리브유와 1:1 비율로 섞어 마늘 페이스트를 만들어 두면 요리할 때마다
편하게 사용할 수 있습니다. (20페이지 참고)

1

2

3

4

09
머랭쿠키

솜사탕처럼 입 안에서 사르르 녹는 머랭쿠키.
고소한 맛을 주는 머랭쿠키는 솜사탕 같기도 하고 마카롱 같기도 해서 여러 가지 매력을 동시에 느낄 수 있답니다.

705.4
kcal

2인 기준

재료

계란 흰자 2개, 레몬즙 1작은술, 견과류(호두, 아몬드, 피스타치오 등) 20g,
말린 과일(건포도, 크랜베리 등) 20g

Recipe

1. 견과류와 말린 과일은 큼직하게 다진다.
2. 계란 흰자에 레몬즙을 넣고 머랭을 만든다.
3. 머랭에 다진 견과류와 말린 과일을 넣고 섞는다.
4. 3을 적당한 크기로 뭉쳐 150℃로 예열한 오븐에서 20분간 굽는다.

Tip

오븐이 없다면 팬에 재료를 올린 후 뚜껑을 닫아 아주 약한 불에 구워도 되지만
질감은 다소 차이가 있습니다.

1

2

3

4

10
비지배추찌개

엄마가 끓여주시던 비지찌개를 생각하며 만들어 봤어요.
엄마의 칼칼한 비지찌개도 좋지만, 짠맛의 김치를 빼고 달달한 배추를 넣은 고소한 비지배추찌개 역시
매력이 철철 넘친답니다. 결혼 후에 신랑한테 만들어줘도 분명 좋아할 거예요.

701.6
kcal

2인 기준

재료
불린 콩 1/2컵, 배추 잎 3장, 들기름 1큰술, 소고기 우둔살 100g, 들깨가루 1큰술,
소금 약간, 다진 마늘 약간

Recipe

1. 믹서기에 하루 정도 미리 불린 콩과 같은 양의 물을 넣고 갈아 비지를 만든다.
2. 배추는 깨끗이 씻어 2cm 크기로 썬다.
3. 냄비에 들기름을 두르고 소고기와 다진 마늘을 넣어 볶는다.
4. 소고기가 익으면 배추 잎을 넣고 볶는다.
5. 배추가 부드럽게 익으면 비지와 들깨가루, 소금을 넣어 간하고 10분 정도 끓인다.

Tip
비지 대신 시판하는 콩국을 사용해도 좋습니다.

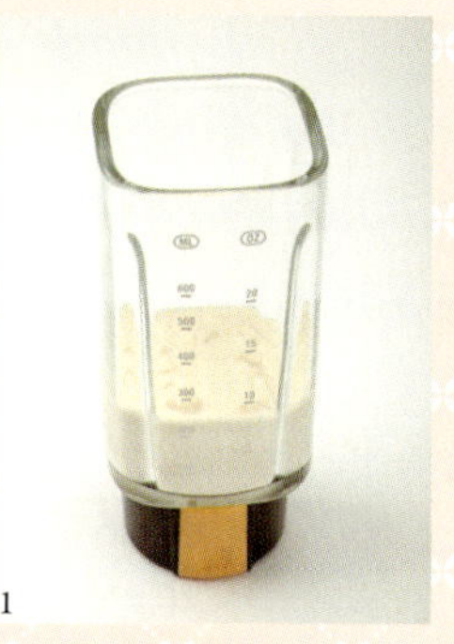

11
닭고기 카레 스튜

카레의 향과 잘 어울리는 닭을 이용한 요리예요.
채소를 많이 넣어 만들면 육수의 역할을 해 주는 채소의 단맛이 진하게 우러나와 더욱 맛있는 스튜를 만들 수 있어요.

656.6
kcal

2인 기준

재료
양파 1/2개, 당근 1/3개, 감자 1개, 렌틸콩 1/2컵, 훈제 닭가슴살 140g,
코코넛 밀크 1/2컵, 카레가루 2큰술

Recipe
1. 당근과 양파, 감자는 깨끗이 씻어 1cm 크기로 깍둑썰기 한다.
2. 냄비에 물 2컵과 슬라이스 한 닭가슴살, 손질한 채소를 넣고 채소가 익을 때까지 끓인다.
3. 채소가 다 익으면 코코넛 밀크와 카레가루를 넣고 끓인다.
4. 재료를 잘 섞고 렌틸콩을 넣어 15분간 더 끓인다.

♣ Tip
시중에 레드 커리, 그린 커리, 옐로 커리 등 여러 가지 커리가 많이 있으니
일반 커리가 조금 지겹다면 다른 커리를 사용해 보세요.

1

2

3

4

12
훈제계란 샐러드

마요네즈 대신 우유와 요거트를 이용해 샐러드 드레싱을 만들었어요.
한 번 먹어보면 요거트 드레싱의 상큼한 매력에 푹 빠질 거예요.

655.6
kcal

2인 기준

재료
훈제계란 흰자 1개, 사과 1/4개, 건포도 1줌, 견과류 1줌, 감자 2개,
저지방 우유 1/3컵, 요거트 3큰술

Recipe

1. 훈제계란은 칼로 다지듯이 작게 자른다.
2. 감자는 젓가락으로 눌렀을 때 젓가락이 푹 들어갈 정도로 삶은 후
   껍질을 제거하고 뜨거울 때 으깬다.
3. 건포도와 견과류, 깨끗이 씻은 사과를 작게 다진다.
4. 손질한 재료에 우유와 요거트를 넣고 섞는다.

♦ Tip
마요네즈처럼 진한 맛이 그립다면 크림치즈 1스푼 정도 추가해서 만들어 보세요.

1

2

3

4

13

치킨 버섯 오믈렛

그냥 볶아 먹어도 맛있는 치킨과 버섯이지만, 계란을 함께 넣어 오믈렛을 만들어 봤어요.
여러 가지 채소도 넣고 볶아 배를 든든히 채울 수 있어 신혼 아침 메뉴로도 손색없답니다.

650.5 kcal

2인 기준

재료

닭가슴살 1개, 호밀빵 1쪽, 느타리버섯 1묶음, 파마산 치즈 1큰술, 양파 1/2개, 다진 마늘 1큰술,
파프리카 1/2개, 계란 3개, 저지방 우유 1/2컵

Recipe

1. 닭가슴살과 호밀빵은 1cm 크기로 작게 자른다.
2. 느타리버섯과 양파, 파프리카는 깨끗이 씻어 비슷한 크기로 자르고, 다진 마늘도 준비한다.
3. 볼에 계란과 저지방 우유, 파마산 치즈를 넣고 멍울이 보이지 않을 정도로 충분히 푼다.
4. 팬에 다진 마늘과 다진 양파를 볶다가 손질한 파프리카와 버섯, 닭가슴살, 호밀빵을 넣고
   윤기가 나도록 볶는다.
5. 4에 풀어둔 계란을 1/3 가량 넣어 섞다가 다 섞이면 조금씩 더 넣어 럭비공 모양을 만들어 둥글린다.

♠ Tip

오믈렛 모양을 만들기 어렵거나 시간에 쫓겨 바쁘다면
계란물을 휘휘 저어 스크램블 에그로 만들어도 좋습니다.

1

2

3

4

5

<u>14</u>
흰살 생선 오렌지 조림

상큼한 오렌지를 이용해 만든 담백한 생선 조림인데요. 짜거나 맵지 않아 밥 생각이 나지 않는 건강한 요리입니다.
향신료를 이용하면 더욱 향이 좋은 조림을 만들 수 있어요.

641
kcal

3인 기준

재료
도미 1마리, 오렌지 1개, 감자 4개, 양파 1/2개, 당근 1/3개, 소금 약간, 후추 약간

Recipe

1. 도미는 깨끗이 씻어 내장을 제거하고 간이 잘 배도록 몸통에 칼집을 낸다.
2. 당근과 감자를 깨끗이 씻은 후 감자는 껍질을 제거해 당근과 함께 한입 크기로 썬다.
3. 오븐 용기에 도미를 올린 후 슬라이스 한 오렌지와 손질한 채소를 넣고
   소금과 후추를 뿌린 후 170℃로 예열한 오븐에서 20분간 굽는다.

♦ Tip

이미 손질이 되어 있는 생선을 이용할 경우 생선 살과 살 사이에 오렌지를 포개어 요리합니다.

15
사과 아몬드 치킨 샌드위치

예비 신랑과 데이트 할 때 같이 나눠 먹기에 좋은, 도시락 메뉴로 손색없는 요리입니다.
이 샌드위치를 만들어 주면 "원래 이렇게 요리 잘했어?"라고 칭찬 받을지도 몰라요.

632.15
kcal

2인 기준

재료
호밀빵 4쪽, 사과 1/4개, 닭가슴살 130g, 크랜베리 약간, 아몬드 슬라이스 약간,
디종 머스터드 약간, 홀그레인 머스터드 1큰술, 양파 1/4개, 치커리 약간

Recipe

1. 호밀빵을 얇게 썰어 디종 머스터드를 바른다.
   빵이 말라 있다면 팬에 앞뒤로 살짝 구운 후 바른다.
2. 양파와 치커리를 깨끗이 씻은 후 양파는 채 썰어 찬물에 헹구고,
   치커리는 손으로 찢어 한입 크기로 준비한다.
3. 닭가슴살은 잘게 찢어 홀그레인 머스터드와 함께 버무린다.
4. 사과는 깨끗이 씻은 후 껍질째 얇게 채 썰고, 크랜베리와 아몬드 슬라이스를 준비한다.
5. 호밀빵에 치커리와 양파, 닭가슴살, 사과를 올린 후 크랜베리와 아몬드 슬라이스를 얹는다.

♔ Tip

허니 머스터드는 칼로리가 높은 편이라 다이어트 중에는 가까이 하지 않는 게 좋아요.
호밀빵은 부드러운 저지방 식빵으로 대체해도 좋습니다.

1

2

3

4

5

16

브로콜리 샐러드

건강에 참 좋은 브로콜리. 하지만 브로콜리가 주인공인 요리는 하기가 힘들더라고요.
이 요리는 제가 좋아하는 건강 반찬이기도 한 브로콜리 샐러드인데요.
손쉽게 만들 수 있는 고소한 브로콜리 요리를 소개할게요.

601.5 kca

2인 기준

재료
브로콜리 1개, 두부 1/2개, 가쓰오부시 1줌, 간장 약간,
렌틸콩 1/2컵, 볶음 콩가루 2큰술

Recipe
1. 브로콜리는 한 송이씩 잘라 깨끗이 씻어 소금물에 데친다.
2. 두부는 물기를 제거하고 으깨서 콩가루와 가쓰오부시, 간장과 버무린다.
3. 렌틸콩은 15분 정도 삶아 익힌 후 물기를 제거한다.
4. 모든 재료를 골고루 버무린다.

◊ Tip

생콩가루는 콩 비린맛이 나기 때문에 반드시 볶은 콩가루를 사용하거나
선식가루로 대체하는 것이 좋습니다.

1

2

3

4

17

귀리 다시마 무밥

무는 소화효소가 가득 들어 있는 식품이라 다이어트에 참 좋은데요.
무나물이나 무국으로 만들어도 좋고, 무를 넣어 밥을 하면 달달하고 시원한 맛있는 밥을 만들 수 있어요.
여기에 포만감은 보너스랍니다.

591.5 kcal

3인 기준

재료

귀리 1컵(200g), 다시마 2조각, 무 3cm, 느타리버섯 40g

Recipe

1. 귀리는 깨끗이 씻어 물에 반나절 정도 불린다.
2. 무는 깨끗이 씻어 껍질을 제거한 후 얇고 넓적하게 썬다.
3. 느타리버섯도 깨끗이 씻은 후 가닥가닥 잘게 찢는다.
4. 냄비에 귀리, 무, 느타리버섯, 다시마를 넣고 1.5cm 정도 위로 물을 넣어 밥을 한다.

♣ Tip

전기 밥솥에 귀리와 물을 넣고 취사를 한 뒤 위의 과정을 반복하면
불리는 과정 없이도 빠르게 찰진 귀리밥을 만들 수 있습니다.

1

2

3

4

18
소고기 포토푀

장조림처럼 푹 끓이면 더욱 깊은 향과 풍미를 느낄 수 있는 소고기 포토푀예요.
장시간 끓여서 포크와 나이프를 이용해 썰어 먹으면 프랑스 가정식 분위기를 느낄 수 있답니다.

583.9
kcal

2인 기준

재료

당근 1/3개, 배추 150g, 소 양지살 250g, 알양배추 150g, 알감자 40g, 훈제계란 1개,
월계수잎 1장, 소금 약간, 후추 약간

Recipe

1. 껍질을 제거한 감자와 당근을 깨끗이 씻어 알양배추 크기로 썰고 모서리를 둥글게 정리한다.
2. 배추는 깨끗이 씻어 길게 썰고, 소고기는 핏물을 제거한 후 통째로 준비한다.
3. 냄비에 손질한 채소와 소고기, 월계수잎, 훈제계란과 물 3컵을 넣고 중불에서 40분 정도 끓인다.
4. 배추의 단맛이 배어 나오면 배추와 계란을 뺀 후 소금과 후추로 간하고, 10분 정도 더 끓인다.

♠ Tip

전기밥솥에 모든 재료를 넣고 취사로 요리하면 더욱 빠르게 요리를 완성할 수 있습니다.

1   2   3   4

<u>19</u>
말린 과일 오트밀 푸딩

다이어트 중 단맛이 너무 그리울 때 말린 과일로 새콤달콤한 디저트를 만들어 보는 건 어떨까요?
차게 먹어도, 따뜻하게 먹어도 맛있는 말린 과일 오트밀 푸딩.
견과류를 함께 넣어 만들면 더욱 든든한 디저트가 되겠죠?

579.8
kcal

2인 기준

재료

오트밀 1/2컵, 말린 과일(건포도, 크랜베리) 1큰술씩, 시나몬 가루 1작은술, 무가당 두유 200g

Recipe

1. 말린 과일은 큼직하게 다진다.
2. 냄비에 두유를 넣고 따뜻하게 데운다.
3. 데운 두유에 말린 과일을 넣고 5분 정도 끓인다.
4. 말린 과일이 불면 오트밀과 시나몬 가루를 넣고 잘 저어가며 15분 정도 뭉글뭉글하게 끓인다.
5. 4가 끈적끈적해지면 용기에 나눠 담아 한 김 식힌 후 냉장고에 넣는다.

🔒 Tip

오트밀을 대신해 찹쌀이나 현미를 이용해도 좋습니다.
대신 현미를 사용할 경우 20분 정도 더 끓여야 합니다.

1　　2　　3　　4　　5

<u>**20**</u>

현미 리조또

외식을 줄이다 보면 파스타, 리조또, 피자, 부드러운 크림 소스 등 이탈리안 음식이 한 번씩 생각나곤 하는데요.
집에서도 간단하게 이탈리안 음식을 즐기고 싶다면 이 레시피를 따라해 보세요.

575.5 kcal

1인 기준

재료

현미 1/2컵, 저지방 우유 1컵, 조개 6개, 양파 1/3개, 마늘 4개,
화이트 와인 2큰술, 파마산 치즈 1작은술

Recipe

1. 현미는 깨끗이 씻어 냄비에 현미 양보다 2배 많은 물을 넣고 15분간 끓인다.
2. 양파와 마늘을 잘게 다져 팬에 넣고 올리브유에 노릇해질 때까지 볶다가 해감한 조개를 넣는다.
3. 조개의 비린맛 제거를 위해 화이트 와인을 넣고 조개가 입을 열 때까지 센 불에 볶는다.
4. 현미와 삶은 물을 넣고 끓이다가 물이 졸면, 저지방 우유를 넣고 저어가며 끓인다.
5. 우유가 다 졸면 파마산 치즈를 넣어 간한다.

♥ Tip

현미밥을 이용하면 빠르게 요리할 수 있습니다.
샐러드 채소나 구운 채소를 곁들여 먹어도 좋습니다.

1

2

3

4

21
돼지고기 안심 사과 냉채

다이어트 뿐 아니라 손님 초대 요리로도 좋은 음식이에요.
시어머님이 오셨을 때나 친구들이 놀러왔을 때 만들어서 대접했더니 인기가 좋더라고요.
사과가 들어가 돼지고기를 더욱 맛있게 즐길 수 있답니다.

570 kcal

2인 기준

재료
돼지고기 안심 200g, 다진 마늘 2큰술, 생강 1개, 샐러드용 사과 1/2개, 소스용 사과 1/2개,
대추 1개, 육수용 양파 1/4개, 샐러드용 양파 1/4개, 파프리카(노란색, 빨간색) 1/4개씩,
레몬즙 2큰술, 씨겨자 2큰술, 식초 1큰술

Recipe

1. 생강과 다진 마늘, 양파 1/4개를 넣고 끓인 물에 돼지고기 안심을 넣고 30분 정도 푹 삶아 얇게 썬다.
2. 사과 1/2개와 대추를 깨끗이 씻은 후 사과는 얇게 슬라이스 하고, 대추는 씨를 제거해 채 썬다.
3. 남은 1/4개의 양파와 파프리카도 깨끗이 씻어 채 썬다.
4. 남은 1/2개의 사과는 깨끗이 씻어 껍질과 씨를 제거해 믹서기에 간 후
   레몬즙, 식초, 씨겨자와 함께 섞어 드레싱을 만들어 손질한 재료와 버무린다.

♠ Tip
씨겨자가 없을 경우 겨자로 대체해도 됩니다.
상큼하게 먹고 싶다면 겨자를 빼고 매운 고추를 다져서 넣어도 좋습니다.

1   2   3   4

<u>22</u>

양배추 무사카

다양한 채소를 많이 활용할 수 있는 요리인데요. 채소를 가장 맛있게 먹을 수 있는 방법이라고 소개하고 싶어요.
고구마, 감자, 양파 등 냉장고 안 자투리 채소를 이용해도 좋은 최고의 채소 요리랍니다.

561.5
kcal

2인 기준

재료

양배추 6장, 감자 1개, 당근 1/3개, 토마토 10개, 가지 1/2개,
토마토 소스 5큰술, 모짜렐라 치즈 약간

Recipe

1. 양배추와 감자, 당근을 깨끗이 씻어 얇게 썬 후,
   그릇에 양배추를 넓게 깔고 그 위에 감자, 당근을 순서대로 쌓아 올린다.
2. 토마토 소스를 펴 바르고 그 위에 가지를 차곡차곡 쌓는다.
3. 다시 양배추와 토마토 소스를 올린 후 슬라이스 한 토마토를 얹는다.
4. 모짜렐라 치즈를 찢어서 구석구석 올린 후 180℃로 예열한 오븐에서 20분간 굽는다.

Tip

시판하는 치즈 중에 100kcal 이하인 치즈들도 많으니
치즈마다 열량을 확인하고 구입하는 것이 좋습니다.

1

2

3

4

<u>23</u>

짜지 않은 제육볶음

매콤한 음식이 생각날 때 건강한 제육볶음을 만들어 보세요.
다이어트 중에는 염분의 섭취를 줄여야 하기 때문에 두부나 곡물가루를 이용해서 만들면
매콤하면서도 고소한 제육볶음을 만들 수 있답니다.

543
kcal

2인 기준

재료

돼지고기 목살 150g, 고추장 1작은술, 고춧가루 1큰술, 양파 1/4개, 당근 1/4개, 양배추 2장,
으깬 두부 1/4모, 물 2큰술, 설탕 1작은술, 참기름 약간, 후추 약간

Recipe

1. 돼지고기는 먹기 좋게 손질해서 핏물을 제거한다.
2. 양파와 당근, 양배추는 깨끗이 씻어 한입 크기로 썬다.
3. 물에 고추장과 고춧가루, 물, 설탕, 참기름, 후추, 으깬 두부를 섞어 소스를 만든다.
4. 팬에 손질한 채소를 볶다가 돼지고기를 넣어 볶고, 소스를 추가해 볶다가 조린다.

♣ Tip

고기의 경우 기름기가 많은 부위는 한 번 삶거나 쪄서 기름기를 제거해 요리하면 좋습니다.

1

2

3

4

24

불끈 에너지바

식사 대용으로 간편히 먹기 좋은 에너지바.
시간에 쫓겨 밥을 챙겨 먹기 힘들다면 남는 시리얼을 이용해 에너지바를 만들어 챙겨 다니는 건 어떨까요?
건강과 영양을 동시에 챙길 수 있는 고소한 에너지바를 소개할게요.

540.75
kcal

2인 기준

재료
호두 1줌, 아몬드 1줌, 꿀 2큰술, 렌틸콩 1/2컵

Recipe

1. 호두와 아몬드는 칼로 잘게 다진다.
2. 렌틸콩은 삶은 후 물기를 완전히 제거한다.
3. 팬에 호두와 아몬드를 볶다가 렌틸콩을 넣어 다시 볶고, 꿀을 넣어 조린다.
4. 글라스락에 비닐을 깔고 3을 넣은 후 냉장고에 2시간 정도 굳힌다.

♣ Tip
삶은 렌틸콩의 물기를 완전히 제거해야 꿀이 물에 섞이지 않고 잘 달라붙습니다.

1

2

3

4

<u>25</u>
온콩국

고소한 콩물을 끓여 찹쌀도넛을 넣어 먹는 대구의 음식인데요.
찹쌀도넛은 기름기가 많기 때문에 그 대신 고소함을 더해주는 곡물빵을 곁들여서 만들었어요.
여름에 콩국수가 있다면 겨울이나 비가 오는 날에는 온콩국! 집에서 간편하게 만들어 보세요.

526.8
kcal

2인 기준

재료

불린 콩 100g, 곡물 식빵 1쪽, 미숫가루 1큰술

Recipe

1. 불린 콩은 15분 정도 삶는다.
2. 믹서기에 1을 넣고 간다.
3. 곡물 식빵은 토스터기나 팬에 노릇하게 구운 후 한입 크기로 자른다.
4. 2를 따뜻하게 데운 후 그릇에 담아 곡물 식빵을 넣고 미숫가루를 뿌려 먹는다.

Tip

시판하는 무지방 두유나 콩물을 사용해도 좋습니다.

1

2

3

4

26

돼지고기 안심 스테이크

고기가 생각나는 날. 뭔가 특별한 음식이 먹고 싶은데 닭가슴살은 질린다면 돼지고기 안심 스테이크를 만들어 보세요.
채소와 함께 먹으면 금세 느껴지는 포만감에 기분이 좋아질 거예요.

521 kcal

2인 기준

재료

돼지고기 안심 200g, 계란 1개, 코코넛 파우더 3큰술, 오일 스프레이

Recipe

1. 돼지고기 안심은 0.5cm 두께로 썬다.
2. 핏물을 닦은 돼지고기 안심에 코코넛 파우더를 골고루 묻힌다.
3. 계란을 풀어 2에 계란물을 한 번 묻힌 후 다시 코코넛 파우더를 묻힌다.
4. 오일 스프레이로 가볍게 올리브유를 뿌린 후 180℃로 예열한 오븐에서 20분 정도 굽는다.

🔒 Tip

코코넛 가루를 사용하면 풍미가 좋지만, 없을 경우에는 통밀가루를 묻혀 구워도 좋습니다.
또한 오일 스프레이가 없을 경우 분무기에 오일을 넣어 사용하면
적은 양의 기름으로도 요리할 수 있습니다.

27
곡물 식빵 고구마 파이

어느덧 날이 따뜻해지고 꽃이 활짝 폈어요.
달달한 고구마를 잘 보관했다가 도시락 겸 디저트 요리로 만들어서 소풍을 가는 건 어떨까요?
아메리카노와 함께 먹으면 더욱 맛있는 고구마 요리를 소개할게요.

501.65 kcal

2인 기준

재료
곡물 식빵 2장, 고구마 1개, 저지방 우유 1/3컵, 계란 1개, 크림치즈 1큰술

Recipe

1. 곡물 식빵은 4등분해서 밀대로 밀어 머핀 틀에 넣는다.
2. 계란을 풀어 식빵에 붓이나 숟가락으로 계란물을 바른다.
3. 믹서기에 크림치즈와 고구마, 저지방 우유를 넣고 간다.
4. 3을 식빵 위에 올린다.
5. 4를 180℃로 예열한 오븐에서 15분간 굽는다.

♠ Tip

곡물 식빵이 없을 때는 저지방 식빵을 이용하는 것도 좋고요.
고구마 필링은 샌드위치 속재료로 이용하거나 베이글 등에 발라 먹어도 좋습니다.

28
우엉 두부전골

뿌리 채소인 우엉은 붓기를 빼주는 데 최고인 음식이라고 해요.
조림이나 차, 전골 등의 요리법을 활용해 섭취하면 통통하게 올라온 붓기가 쏘옥 빠질 거예요.

493.1 kcal

2인 기준

재료
두부 1/2모, 소고기(설도나 우둔, 기름기 없는 부위, 불고기용) 100g, 우엉 10cm,
양파 1/2개, 배추 또는 양배추 2장, 파 1/3대, 당근 1/5개, 마늘 1작은술, 간장 1큰술, 소금 약간,
후추 약간, 청주 2큰술, 디시마 1장

Recipe

1. 두부는 2cm 두께로 썰고, 우엉은 깨끗이 씻은 후 비스듬히 얇게 채 썬다.
2. 양파와 파, 당근, 배추는 깨끗이 씻어 2cm 두께로 도톰하게 채 썬다.
3. 마늘, 간장, 소금, 후추, 청주를 섞어 양념장을 만든다.
4. 뚝배기에 색깔을 잘 맞춰 손질한 재료와 소고기를 둘러 담고
   재료가 반쯤 잠길 정도로 물을 부은 후 양념장과 다시마를 넣어 15분 정도 끓인다.

☕ Tip
청양고추 소스를 더해주면 신진대사 촉진에 더욱 효과가 있습니다.

1 2 3 4

29

단호박 오트밀 스프

다이어트 때문에 한꺼번에 구워둔 고구마나 단호박. 미처 다 먹지 못해 냉장고에 쌓이는 경우가 많은데요.
그럴 때 가족들과 함께 나눠 먹을 수 있는 달달한 스프를 만들어 보는 건 어떨까요?

489.6
kcal

2인 기준

재료

오트밀 1/2컵, 단호박 1/4개, 저지방 우유 1컵, 생강 1작은술, 양파 1/2개

Recipe

1. 오트밀은 뜨거운 물에 불린다.
2. 단호박은 깨끗이 씻어 전자레인지에 5분 정도 돌려 반쯤 익힌 후 껍질과 씨를 제거하고 작게 썬다.
3. 생강과 양파를 깨끗이 씻어 생강은 믹서기에 갈고 양파는 잘게 다진 후 팬에 함께 볶는다.
4. 냄비에 불린 오트밀과 단호박, 볶은 채소, 저지방 우유를 넣고 바닥에 눌어붙지 않게
   저어주며 5분 정도 끓인다.

🔒 Tip

단호박이 없을 경우 고구마 또는 감자로 대체해도 좋습니다.

1

2

3

4

<u>30</u>
마늘 마파두부

주걱으로 휘휘 몇 번만 저어주면 완성되는 훌륭한 중화요리.
비싼 돈 주고 사 먹는 게 아니라 집에서 직접 손쉬운 건강식으로 만들 수 있다는 걸 알면 배신감마저 들지도 몰라요.
단, 밥과 함께 과식하는 건 금물! 짜지 않게 만들어서 채소와 두부의 맛을 느껴보세요.

487
kcal

2인 기준

재료
소고기 간 것 100g, 두부 1/2모, 다진 마늘 4큰술, 대파 흰대 1개, 파프리카 1/2개,
양배추 1장, 마파두부 소스 1큰술, 미숫가루 1큰술

Recipe

1. 대파와 파프리카, 양배추를 깨끗이 씻은 후 대파는 슬라이스 하고
   파프리카와 양배추는 1cm 크기로 깍둑썰기 한다.
2. 팬에 소고기와 다진 마늘을 넣고 소고기가 익을 때까지 볶는다.
3. 시판하는 마파두부 소스에 미숫가루를 넣고 섞어 되직하게 만든다.
4. 두부를 깍둑썰기 한 후 팬에 넣어 앞뒤로 노릇하게 굽는다.
5. 모든 재료를 한데 모아 볶은 후 물을 1컵 정도 넣고 조린다.

♠ Tip
두부를 많이 넣으면 밥과 함께 먹지 않아도 포만감을 느낄 수 있습니다.

외식, 회식 현명하게 대처하기

여러분은 다이어트를 하면서 제일 힘든 게 무엇인가요?
규칙적인 생활습관, 유산소 운동과 근력 운동의 병행, 물 많이 마시기 등 여러 가지가 있을 테지만,
아마도 제일 참기 힘든 것이 음식의 달콤한 유혹일 거라 생각해요.
일상에서의 유혹은 그럭저럭 참고 넘어간다 해도,
회식이나 지인과의 모임이 있을 경우에는 난관에 부딪혀 갈등하다가 이내 폭식하곤 합니다.
웨딩을 앞둔 예비 신부들은 특히나 이런 상황 속에서 곤란을 겪는데요.
지인들에게 청첩장을 전달해야 하는 상황에서 피할 수 없는 외식이 뒤따르는 등
다이어트를 함에 있어 여러 가지 난감한 상황이 발생하곤 합니다.
이러한 상황 속에서 현명하게 대처할 수 있는 방법, 지금부터 자세히 알려 드릴게요.

청첩장 인사 메뉴 현명하게 고르기

뷔페

뷔페에는 다양한 음식들이 준비되어 있어 자칫 잘못하면 과식으로 이어질 가능성이 높습니다. 일반적인 경우 뷔페에 들어가자마자 먹고 싶었던 음식, 특히 고칼로리 음식을 집중 공략하다 보니 여러 영양소를 다양하게 섭취하지 못하고 과식을 해서 낭패를 보기 마련이죠. 이런 상황을 피하려면 다음과 같은 방법으로 식사를 해 보세요.

일단 뷔페에 들어가서 음식을 한 번 훑어봅니다. 그런 후 전체적인 음식을 조금씩 담아 먹는다면 뷔페 음식을 더욱 다양하고 만족스럽게 즐길 수 있을 거예요. 또한 음식을 종류별로 나눠서 먹는 것도 좋은 방법인데요. 샐러드〉일식〉면〉한식〉양식〉중식〉디저트 순으로 먹는 것이 음식 본연의 맛을 느끼기에 좋습니다. 코스 요리를 짜듯 전채요리에서부터 메인 요리, 디저트까지 머릿속으로 한 번 그려보세요. 다이어트를 할 때 이미지 트레이닝을 하는 것은 장기적인 체중 감량에 도움이 됩니다. 메인 요리의 경우 튀김, 갈비찜과 같은 기름진 음식보다는 스테이크나 해산물, 보쌈 등 기름기 없는 음식을 섭취하는 것이 좋습니다. 디저트는 케이크, 쿠키 등 칼로리가 높은 음식보다는 과일을 선택하는 것이 좋겠죠. 과식은 되도록 피하고, 다양한 음식으로 영양가 있는 식사를 한다면 다이어트에도 문제없을 거예요.

샤브샤브 또는 쌀국수

외식업 중에서도 월남쌈과 샤브샤브, 쌀국수를 겸하는 레스토랑이 많아지고 있는 추세인데요. 평균적으로 칼로리가 낮은 채소를 양껏 먹을 수 있고, 고기는 육수에 한 번 데쳐 기름기를 쏙 빼고 먹을 수 있어 부담 없는 다이어트 음식이기도 합니다.

쌀국수를 먹을 때는 탄수화물인 국수의 양을 줄이고 숙주를 많이 넣어 달라고 주문하세요. 또한 절인 양파는 당분이 많기 때문에 생 양파를 따로 주문해서 먹는 것이 좋습니다.

샤브샤브의 경우에도 채소와 해산물을 많이 섭취하는 것이 좋습니다. 채소는 해산물에 있는 콜레스테롤 수치를 낮춰줄 뿐만 아니라 무기질, 비타민이 풍부해 몸의 생리작용을 활발하게 하고 노폐물을 배출하는 데 도움을 주니까요. 또한 해산물 종류 중에는 저지방군에 속하는 음식이 많아 다이어트에 도움이 됩니다. 홍합, 굴, 바지락 등의 해산물은 피부를 맑게 할 뿐만 아니라 칼로리가 낮고 단백질이 풍부하므로 다이어트에 안성맞춤인 음식이라 할 수 있죠.

고기나 해산물을 찍어 먹는 소스는 간이 강하기 때문에 쑥갓이나 파 등을 넣어 곁들여 먹는 것이 좋아요. 간이 너무 강할 땐 생수를 섞어 희석해서 먹으면 칼로리를 낮출 수 있습니다.

소고기, 양고기 또는 오리로스구이

소고기는 지방이 적은 부위를 골라 채소를 곁들여서 먹는 것이 좋습니다. 스테이크의 경우 소스를 따로 주문해서 소량만 살짝 찍어 먹고, 사이드 메뉴는 고열량 음식이 많기 때문에 과감히 포기하는 것이 좋아요. 만약 먹게

된다면 사이드 메뉴로 나오는 감자, 고구마, 밥 가운데 GI지수(혈당지수)가 가장 낮은 고구마를 선택하는 것이 좋지만, 버터를 사용해 요리하는지 확인하고 주문하도록 합니다.

양고기는 대체로 지방을 제거해 요리하기 때문에 적당한 양을 섭취할 경우 오히려 다이어트로 지친 몸에 스태미나를 더해줍니다.

오리고기는 칼로리가 높은 훈제구이 대신 로스구이를 추천합니다. 로스구이의 경우 기름기가 쏙 빠질 수 있도록 잘 구워 먹는 것이 좋은데요. 하지만 오리 기름은 콜레스테롤을 줄여주는 효과가 있으니 적당량 섭취하는 것도 몸에 좋습니다.

대신 육류를 먹을 경우 소스나 드레싱을 자제하고 고기 본연의 맛으로 먹는 것이 좋으며, 밥은 소량만, 찌개는 나트륨이 많이 들어 있는 국물은 자제하고 건더기만 먹도록 합니다.

음주 시

음주는 당연히 다이어트의 적입니다. 하지만 청첩장 인사 시 빠질 수 없는 것이 '술'인데요. 친구들의 분위기에 휩쓸려 어쩔 수 없이 이어지는 술자리가 있기 마련입니다.

술은 1g에 무려 7kcal의 높은 열량을 지니고 있으며 영양소가 없는 전형적인 Empty Calorie Food입니다. 게다가 술은 근 손실을 촉진시키는 음식이기도 하죠. 그러나 지방으로 쌓이지는 않으니 똑똑한 안주 선택 또는 술 선택으로 현명하게 대처할 수 있습니다.

먼저, 술을 마시게 될 경우 얼음에 희석해 먹는 방법인 언더락으로 마시는 것이 좋습니다. 약하게 마신다고 탄산과 섞어 마시면 오히려 바로 몸에 흡수되니 꼭 희석해서 먹거나 물을 충분히 마셔야 합니다.

안주는 두부김치의 두부 또는 샐러드, 과일, 회, 해산물 종류를 선택하는 것이 좋아요. 뿐만 아니라 술을 마신 다음날 해장 시에도 나트륨 함량이 많은 국물이나 자극적인 음식은 삼가도록 합니다.

해물찜, 조개구이 등의 해산물

조개나 오징어, 주꾸미, 새우 등의 해산물에는 스트레스나 피로를 조절해주는 타우린이 함유되어 있습니다. 뿐만 아니라 단백질 함량도 높고, 다른 음식들보다 칼로리도 적은 편이라 다이어트에 도움이 되는데요.

조개구이나 새우찜 등 수증기를 이용한 찜 요리는 다른 양념이 첨가되지 않기 때문에 건강하게 식사를 할 수 있는 좋은 방법 중 하나입니다. 하지만 해물찜이나 해물탕 등에는 양념이 많이 들어 있어 염분 섭취가 늘거나 자극적인 맛으로 인해 과식을 할 수 있으니 주의해야 합니다.

회

가격적으로 부담이 될 수는 있지만 회만큼 다이어트 걱정 없이 식사할 수 있는 메뉴도 없죠. 칼로리가 낮은 편인 참치나 흰살 생선, 피로를 해소해주는 연어 등 회는 다이어트에 도움이 되는 식품이라 할 수 있습니다. 하지만 회 역시 초장이나 간장을 듬뿍 찍어 먹는 것은 삼가도록 합니다. 대신 기름장을 이용해 생선 고유의 고소하고 담백한 맛을 느껴보세요.

피할 수 없는 회식

회식은 메뉴를 직접 고를 수 없는 경우가 대부분인데요. 그럴 때는 미리 배를 채우는 것도 좋은 방법입니다. 저녁 식사 이전에 도시락이나 점심 식사 등을 조금 남겨 두었다가 회식 가기 한 시간 전쯤 먹는 것도 좋고요. 여건이 되지 않을 때는 무지방 우유나 물을 섭취한다면 위벽을 보호할 뿐 아니라 적은 양의 음식으로도 포만감을 느낄 수 있어 과식을 피하는 데 도움이 됩니다.

돼지고기

삼겹살은 회식의 꽃이죠. 그럴 때는 기름기가 적은 앞다리 살이나 목살 등을 선택하는 것이 좋습니다.

돼지고기에는 비타민 B1이 들어 있어 흡수를 돕고 당질의 에너지 전환을 촉진하기 때문에 비만을 예방하는 데 도움이 됩니다. 중요한 것은 양 조절인데요. 다이어트에 좋다고 해서 과다 섭취하는 것은 금물입니다. 또한 쌈장이나 소스 없이 먹거나 양념이 되어 있지 않은 고기를 선택하는 것이 체중 조절에 도움이 됩니다.

대신 고깃집에서 기본적으로 제공하는 오이나 당근, 버섯, 마늘, 양파, 두부, 상추, 깻잎 등의 채소를 많이 섭취하는 것이 좋아요. 파절임이나 양파소스, 된장찌개는 나트륨 함량이 많은 데다 칼로리가 높아질 수 있기 때문에 피하도록 합니다. 또한 흰쌀밥은 밥맛은 좋지만 칼로리가 높으니 소량 섭취하거나 잡곡밥을 먹는 것이 좋습니다.

치킨과 맥주

치킨과 맥주는 다이어트 중 참을 수 없는 유혹의 음식 중 하나입니다. 다이어트의 최대 적으로 손꼽히는 치킨!! 다이어트 중엔 먹지 않는 것이 좋지만, 정말 먹고 싶을 때는 기름기를 쏙 뺀 구운 치킨을 선택하는 것이 어떨까요?

맥주 역시 마시지 않는 것이 제일 좋지만, 마시게 될 경우 2주에 1번 이상 섭취하는 것은 삼가도록 합니다. 또한 술을 마신 다음날은 유산소 운동을 통해 체내에 남아 있는 알코올을 땀으로 배출하는 것이 좋습니다.

해물탕 또는 닭갈비 등

칼로리가 적은 해산물이나 닭갈비는 잘 먹으면 다이어트에 도움이 되는데요. 해물탕, 해물찜, 닭갈비, 닭찜 등은 기본적으로 간이 세기 때문에 개인 접시에 적당량 담은 다음 물을 살짝 부어 양념을 덜어내고 먹는 것이 좋습니다.

여의치 않다면 함께 제공되는 수분이 많은 채소나 나트륨을 배출해주는 칼륨이 많은 양배추, 고구마 등을 함께 섭취하도록 합니다.

D-60

Special page

가정식으로 다이어트 실천하기

31

달걀 치즈 크레이프

브런치 카페에서 파는 것 못지않은 훌륭한 크레이프를 집에서도 만들 수 있어요.
과일이나 채소를 듬뿍 곁들인다면 여느 카페에서 만드는 것보다 훨씬 맛있을 거예요.

482 kcal

2인 기준

재료

달걀 3개, 무지방 우유 1/3컵, 소금 약간, 후추 약간, 파프리카 1/2개, 양송이버섯 1개,
양파 1/4개, 방울토마토 5개, 리코타 치즈 2큰술, 슬라이스 치즈 1/2개

Recipe

1. 볼에 달걀을 풀어 무지방 우유와 소금, 후추로 간한 후 잘 섞어 반죽을 만든다.
2. 파프리카는 가스레인지 불에 바로 얹어 겉이 새까맣게 탈 정도로 구운 후 껍질을 제거한다.
3. 방울토마토와 양송이버섯, 양파, 파프리카를 깨끗이 씻어 작게 썬 후 팬에 볶는다.
4. 팬에 크레이프 반죽을 얇게 편 후 반죽이 살짝 익으면
   슬라이스 치즈와 3, 리코타 치즈를 올려서 만다.

♕ Tip

냉장고 안의 남은 채소들을 넉넉히 볶아 곁들여 먹으면
식이섬유 섭취는 물론 충분한 포만감을 느낄 수 있습니다.
리코타 치즈 대신 코티지 치즈를 사용해도 좋습니다.

1

2

3

4

32
까망베르 치즈구이

고소한 맛을 입 안 가득 느낄 수 있는 요리. 하루에 한줌 섭취하면 좋다는 견과류와 함께
달달하고 부드러운 치즈 맛으로 다이어트 하느라 쌓인 스트레스를 풀어보세요.

464.7
kcal

2인 기준

재료
견과류 1줌, 꿀 1작은술, 까망베르 치즈 120g

Recipe

1. 팬에 호두, 아몬드 등 준비한 견과류를 골고루 볶는다.
2. 구운 견과류를 칼로 잘게 다진다.
3. 견과류를 볶은 팬에 까망베르 치즈의 겉면이 부풀어 오를 때까지 굽는다.
4. 구운 치즈와 견과류를 곁들인 후 꿀을 뿌린다.

♨ Tip

꿀 대신 시나몬 파우더를 뿌려도 좋습니다.
치즈에는 지방이 함유되어 있지만 그 형태가 소화되기 쉬운 유화상태이고,
치즈에 들어있는 비타민 B2의 작용에 의해 지방이 쉽게 연소되어
조금만 먹어도 포만감을 느낄 수 있습니다. 다만 과다 섭취 시 열량이 높은 편이므로 주의합니다.
＊효능 : 젖산균과 비피더스균이 풍부하여 뛰어난 정장 작용을 합니다.

1

2

3

4

33

두부 소고기 채소볶음

제가 제일 좋아하는 음식 중 하나예요.
찹스테이크 같기도 하고, 마른 고추를 조금 넣으면 태국요리 같기도 해서 다양한 맛을 느낄 수 있는데요.
채소와 두부를 가득 넣어 먹으면 충분한 포만감을 느낄 수 있어 다이어트에도 제격이랍니다.

412.5
kcal

2인 기준

재료

두부 1/2모, 소고기 50g, 브로콜리 1/4개, 파프리카 색깔별로 1/4개, 오이 1/3개,
전분 1작은술, 굴소스 1작은술, 간장 1작은술, 참기름 약간

Recipe

1. 두부는 사방 2cm 크기로 썰어 코팅이 잘된 팬이나 기름을 살짝 두른 팬에 노릇하게 굽는다.
2. 소고기는 먹기 좋은 크기로 썰어 핏물을 제거하고 전분을 양쪽에 살짝 묻혀 한 번 털어준다.
3. 브로콜리와 파프리카, 오이를 깨끗이 씻은 후 오이는 채 썰고, 나머지 채소는 2cm 크기로 썬다.
4. 팬에 소고기를 양쪽 모두 노릇하게 익힌 후 손질한 채소를 먼저 볶다가 채소가 익으면
   굴소스, 참기름, 간장을 넣어 볶는다.

♣ Tip

전분을 사용해서 고기를 구우면 소스의 농도가 진해지기 때문에
적은 양의 소스로도 간을 맞출 수 있습니다.

1

2

3

4

34

연어 로메인 샐러드

로메인은 양상추처럼 수분기가 많지는 않지만 풍부한 향을 가지고 있는 채소인데요.
샐러드에 잘 어울리는 채소이기도 하니 다양한 샐러드에 활용해서 다이어트 요리를 즐겨보세요.

411.4 kcal

2인 기준

재료

훈제연어 120g, 로메인 3장, 견과류 1큰술, 플레인 요거트 2큰술, 바나나 1/2개,
크림치즈 1큰술, 양파 1/3개, 파프리카 1/2개

Recipe

1. 연어는 한입 크기로 잘라 키친타월로 기름기를 닦아낸다.
2. 팬에 호두, 아몬드 등 준비한 견과류를 볶는다.
3. 로메인과 파프리카, 양파는 깨끗이 씻은 후 채 썬다.
4. 믹서기에 플레인 요거트와 크림치즈, 바나나를 넣고 갈아 드레싱을 만든다.
5. 손질한 샐러드 채소와 연어, 견과류를 드레싱과 함께 버무린다.

♠ Tip

훈제연어가 없다면 생연어나 캔연어를 사용해도 좋습니다.
캔연어를 사용할 경우 플레인 요거트에 레몬즙을 약간 넣은 드레싱을 곁들이면
상큼한 샐러드를 만들 수 있습니다.

35

치즈 채소말이

손이 가요 손이 가~ 만들어 두면 나도 모르게 하나씩 먹게 되는 요리.
그 자리에서 다 먹어버릴 것 같은, 위험하지만 그만큼 맛있는 요리랍니다.
김밥 대신 나들이용 메뉴로도 좋아요.

395.7 kcal

2인 기준

재료
가지 1개, 애호박 1개, 슬라이스 치즈 4장, 소금 약간, 후추 약간

Recipe
1. 가지와 애호박은 깨끗이 씻은 후 필러로 밀거나 칼로 얇게 썬다.
2. 그릴팬에 올리브유를 얇게 두르고 가지와 애호박을 소금, 후추로 간해서 굽는다.
3. 구워진 가지와 애호박에 슬라이스 치즈를 올리고 돌돌 만다.

Tip
치즈를 고를 때는 칼로리를 비교한 후 구입하세요.
칼로리로 비교가 안 된다면 성분을 따져보고 구입하는 게 좋습니다.

1

2

3

36

단호박 견과류 조림

달달한 단호박은 특별한 간을 하지 않고 조리법을 조금만 바꾸는 것만으로도 다양한 맛을 낼 수 있는 좋은 식재료예요.
그래서 저 역시 단호박을 좋아하는데요.
이렇게 실속 있는 단호박으로 조림을 만들어 보세요. 아이들 반찬으로도 좋을 거예요.

385.8
kcal

2인 기준

재료

단호박 1/4개, 호두 1/3컵, 아몬드 1/3컵, 마늘 8개, 불린 다시마 1장, 간장 1작은술,
올리고당 1작은술, 참기름 1작은술, 물 2컵

Recipe

1. 단호박은 깨끗이 씻어 전자레인지에 2분 정도 돌려 살짝 익힌 후
   껍질째 잘라서 씨를 제거하고 한입 크기로 썬다.
2. 마늘은 깨끗이 씻어 꼭지를 제거하고, 호두와 아몬드는 통째로 준비한다.
3. 팬에 참기름을 두르고 손질한 단호박과 마늘을 노릇하게 굽는다.
4. 마늘이 익으면 물, 호두, 아몬드, 간장, 올리고당, 불린 다시마를 넣고
   소스가 없어질 때까지 약불에 조린다.

🍷 Tip

단호박을 전자레인지에 돌린 후 사용하면 빠르게 요리할 수 있습니다.
식사용으로 미리 구워둔 단호박을 이용해도 좋습니다.

1

2

3

4

다시마 연근 장조림

육수용으로 쓰고 난 후 그냥 버리게 되는 다시마를 요리에 활용하는 방법!
장조림을 할 때 다시마를 넣으면 국물에 감칠맛이 더해져 정말 맛있답니다.
장조림을 그 누구보다 맛있게 만드는 비법을 소개할게요.

375.25
kcal

2인 기준

재료

소고기 우둔살 200g, 다시마 2장, 연근 10cm, 홍고추 1개, 간장 2큰술,
올리고당 1큰술, 깨 약간

Recipe

1. 냄비에 물을 가득 담아 핏물을 제거한 우둔살을 푹 잠기게 넣고 1시간 정도 삶는다.

2. 연근과 홍고추를 깨끗이 씻은 후 연근은 껍질을 제거해서 0.5cm 두께로 썰고,
   홍고추는 가늘게 채 썬다. 다시마는 2장 준비한다.

3. 삶은 우둔살은 식혀서 얇게 찢고, 소고기를 끓이고 난 물은 육수로 사용한다.

4. 팬에 육수 1컵과 소고기, 연근, 다시마, 홍고추, 올리고당, 깨, 간장을 넣고 조린다.

♀ Tip

다시마는 변비 해소에 좋고 연근은 혈액을 맑게 합니다.
연근이 없을 때는 버섯이나 무를 사용해도 좋습니다.

1

2

3

4

38

연어 치즈말이

단순하지만 폼나게 만들 수 있는 핑거푸드예요.
있는 그대로 먹어도 좋고, 기분 낼 겸 빵과 곁들여서 파티 음식처럼 먹어도 좋아요.
친구들과 브라이덜 샤워를 계획 중이라면 이 요리를 만들어 보는 건 어떨까요?

370.3
kcal

2인 기준

재료

연어 120g, 코티지 치즈 60g, 올리브 2알, 식빵 3장

Recipe

1. 식빵은 동그란 모양 틀로 찍거나, 테두리를 제거하고 사각으로 잘라 앞뒤로 굽는다.
2. 코티지 치즈를 3등분해서 연어에 넣고 돌돌 만다.
3. 2를 1cm 크기로 썰어 구운 식빵에 올린 후 올리브를 곁들인다.

Tip

식빵이 없다면 통밀 비스킷을 사용해도 좋습니다.

39

케일 말이 찜

밀가루 없이 만드는 만두예요. 밀가루가 아닌 케일로 만두피를 대신하면
든든하면서도 다이어트에 좋은 한끼 식사를 만들 수 있답니다.

368.9 kcal

2인 기준

재료

다진 소고기(우둔살) 100g, 두부 1/2모, 다진 채소들(당근, 양파, 파, 버섯, 고추) 60g,
말린 새우가루 2큰술, 케일 10장, 간장 1작은술, 후추 약간, 청주 1작은술

Recipe

1. 두부는 물기를 제거하고 으깨서 다진 소고기와 섞는다.
2. 1에 다진 채소들을 넣고 골고루 버무려 소를 만든다.
3. 2에 말린 새우가루, 간장, 후추, 청주를 넣어 간한다.
4. 깨끗이 씻은 케일에 둥글게 뭉친 소를 올리고 돌돌 말아 찜기에 5분 정도 찐다.

🍴 Tip

케일이 없을 때는 봄나물인 곰취, 양배추, 깻잎 등을 이용해도 좋습니다.

40

채소 술찜

은은한 곡주 향이 배어나와 더욱 부드럽게 먹을 수 있는 요리입니다.
술찜에 들어가는 알코올은 조리 중 증발하니 걱정하지 않아도 돼요.

366.5
kcal

2인 기준

재료

애호박 1/2개, 당근 1/2개, 표고버섯 3개, 두부 1/2모, 가지 1/2개,
마늘 6쪽, 청주 3큰술, 물 1컵

Recipe

1. 애호박과 당근, 표고버섯, 가지는 깨끗이 씻어 1.5cm 크기로 슬라이스 하고,
   두부 역시 비슷한 크기로 썬다.
2. 팬에 마늘을 노릇노릇하게 굽는다.
3. 청주와 물을 1:1로 섞어 찜기 밑에 넣는다.
4. 찜기에 손질한 재료를 가지런히 담고 증기에 찐다.

🍶 Tip

조개나 흰살 생선, 해산물을 이용해 만들어도 좋습니다.

1

2

3

4

41
두부 프리타타

냉장고 속 자투리 채소를 활용할 수 있는 냉장고 고민 해결 요리입니다.
빠르면서도 손쉽게 만들 수 있어 아침으로 먹어도 좋고, 브런치 메뉴로도 제격인 요리예요.

363.3
kcal

2인 기준

재료
두부 1/2개, 계란 3개, 양파 1/4개, 양배추 1장, 아스파라거스 1개, 가쓰오부시 약간

Recipe

1. 계란을 깨서 알끈이 제거되도록 포크로 잘 섞는다.
2. 두부는 작게 썰어 코팅이 잘된 팬에 앞뒤로 굴려가며 골고루 노릇하게 익힌다.
3. 양파와 양배추, 아스파라거스를 깨끗이 씻은 후 양파와 양배추는 1cm 크기로 작게 자르고,
   아스파라거스는 얇게 슬라이스 한다.
4. 팬에 계란물을 붓고 2와 3을 넣어 섞은 후 180℃로 예열한 오븐에서 15분간 굽는다.

♨ Tip

감칠맛이 있어 소량으로도 맛을 낼 수 있는 가쓰오부시로 간을 합니다.

42

렌틸콩 딤섬

비싼 레스토랑에 가야 먹을 수 있던 음식 중 하나인 딤섬.
이제는 채소와 해산물을 이용해 집에서도 손쉽게 만들어 보세요.

358
kcal

2인 기준

재료

렌틸콩 1/2컵, 계란 흰자 1개, 양배추 2장, 통밀가루 1작은술

Recipe

1. 렌틸콩은 15분 정도 삶아서 물기를 제거하고, 통밀가루와 계란 흰자를 섞어 함께 반죽한다.
2. 양배추를 깨끗이 씻어 잘게 자른다.
3. 1에 손질한 양배추를 넣고 잘 섞는다.
4. 찜기에 면보를 올리고 숟가락으로 3을 동그랗게 만들어 찜기에 넣고 10분 정도 찐다.

🔒 Tip

해산물이나 닭가슴살을 이용해도 맛있는 딤섬을 만들 수 있습니다.

1

2

3

4

<h1 style="text-align:center">43
고구마 스프</h1>

따뜻하게 먹어도 맛있고, 차갑게 먹어도 감칠맛 나는 고구마 스프는 기운 없는 날 원기 충전하기에 좋은 요리입니다.
요리하는 동안 고구마의 달콤한 향이 집 안에 가득 퍼져 기분도 좋아질 거예요.

356 kcal

2인 기준

재료

구운 고구마 3개, 저지방 우유 500ml, 다진 양파 1/2개, 다진 마늘 1큰술, 소금 약간, 후추 약간

Recipe

1. 구운 고구마는 껍질을 제거하고 작게 썬다.
2. 다진 양파와 다진 마늘, 소금, 후추를 준비한다.
3. 코팅이 잘된 팬에 다진 양파와 다진 마늘을 갈색빛이 날 때까지 볶는다.
4. 냄비에 저지방 우유와 구운 고구마, 다진 양파, 다진 마늘을 넣어 잘 섞고 뭉글해질 때까지 끓인다.
5. 기호에 맞게 소금과 후추로 간한다.

🍃 Tip

믹서기에 구운 고구마와 저지방 우유, 시나몬을 넣고 갈아 그 위에 견과류를 올리면
고소한 고구마 라떼가 됩니다.

1

2

3

4

5

44
컬리플라워드레싱 연어 샐러드

브로콜리와 비슷한 모양의 컬리플라워는 생으로 먹어도 좋은 식재료예요.
저는 컬리플라워로 드레싱을 만들었는데요. 이 드레싱이 연어 특유의 향을 잡아주기 때문에 부담 없이 먹을 수 있고,
연어를 칼로 썰어 먹으면서 분위기도 살릴 수 있는 요리랍니다.

343.7 kcal

2인 기준

재료

컬리플라워 1/4개, 샐러드 채소 100g, 양파 1/2개, 연어 120g, 아보카도 1/2개,
식초 2큰술, 꿀 약간, 소금 약간, 후추 약간

Recipe

1. 컬리플라워는 깨끗이 씻어 작게 자른다.
2. 믹서기에 컬리플라워와 양파, 식초, 꿀, 소금, 후추를 넣고 갈아 드레싱을 만든다.
3. 키친타월로 연어의 기름기를 닦아낸다.
4. 아보카도는 가운데를 잘라 씨를 제거하고 과육을 먹기 좋은 크기로 썬다.
5. 깨끗이 씻어 준비한 샐러드 채소에 연어와 아보카도를 올리고 드레싱을 뿌린다.

⚘ Tip

아보카도는 겉면이 초록색인 것보다 까무잡잡한 것이 먹기 좋게 익은 것입니다.
초록색의 아보카도를 구입했다면 3일 정도 실내 보관한 후에 드세요.

1

2

3

4

5

45

채소스틱 치즈딥

아삭아삭한 여러 가지 채소를 기분 좋게 즐길 수 있는 방법!
다이어트로 스트레스가 쌓일 때는 아삭한 식감의 채소를 씹으면서 스트레스를 해소하는 건 어떨까요?

335.75 kcal

2인 기준

재료

무 1/4개(50g), 샐러리 2줄기, 파프리카 색깔별로 1개씩, 당근 1개
치즈딥 소스 : 우유 1/3컵, 연어 60g, 크림치즈 1큰술, 피스타치오 1큰술, 레몬즙 1큰술

Recipe

1. 파프리카는 깨끗이 씻은 후 씨를 제거하고 길쭉하게 썬다.
2. 샐러리와 무, 당근도 깨끗이 씻은 후 샐러리는 질긴 섬유질을 제거해 길게 썰고,
   무와 당근은 껍질을 제거하고 길게 썬다.
3. 우유, 연어, 크림치즈, 피스타치오, 레몬즙을 믹서기에 갈아 딥을 만들어 채소를 찍어 먹는다.

◆ Tip

냉장고 안에 있는 자투리 채소를 이용해 보세요.
치즈딥의 경우 냉장고에 보관했다가 빵에 곁들여 먹어도 좋습니다.

1

2

3

3

<u>46</u>
채소짜장

오늘은 내가 짜장 요리사! 기름에 달달 볶은 짜장 역시 다이어트 중 자꾸만 생각나는 메뉴인데요.
채소를 큼직하게 썰어서 볶다가 물을 넣고 지글지글 끓이면 맛있고 건강한 짜장을 만들 수 있어요.
거기에 건강에 좋은 현미밥까지 곁들이면 더욱 든든하겠죠? 손쉽게 만드는 홈메이드 짜장, 한번 도전해 보세요.

321.5 kcal

2인 기준

재료
양배추 1장, 당근 1/4개, 감자 1개, 양파 1/2개, 표고버섯 1개, 두부 1/2모, 춘장 1작은술, 콩가루 1큰술

Recipe

1. 양배추와 당근, 감자, 양파는 깨끗이 씻어 1cm 크기로 썬다.
2. 팬에 깨끗이 씻어 작게 썬 표고버섯과 양배추, 양파를 볶다가 물기가 나오면 두부를 넣고 볶는다.
3. 당근과 감자는 끓는 물에 삶아서 익힌다.
4. 2에 3과 물에 푼 춘장을 넣고, 콩가루를 넣어 짜지 않게 간을 맞춘다.

Tip

춘장이 없다면 된장을 넣고 만들어 보세요. 된장도 채소랑 잘 어울려 맛있는 볶음을
만들 수 있습니다. 단, 된장을 이용할 경우 춘장의 양보다 0.5배 정도 적게 넣어야 합니다.

1

2

3

4

살구잼 오트밀 식빵 와플

손쉽게 구할 수 있는 잼을 이용한 폼나는 주말 요리.
식빵 하나로 나만의 와플을 만들어 보세요. 고급 카페 부럽지 않은 근사한 디저트를 맛볼 수 있을 거예요.

318.7
kcal

2인 기준

재료

리코타 치즈 1큰술, 살구잼 1큰술, 오트밀 식빵 4쪽

Recipe

1. 식빵의 사방 테두리를 자른다.
2. 식빵 두 쪽을 준비해 한 쪽에는 살구잼을, 한 쪽에는 리코타 치즈를 바른다.
3. 잼과 치즈를 바른 면이 마주보도록 식빵을 겹친 후 와플팬에 올리고 굽는다.
4. 구워진 식빵을 2등분한다.

🔒 Tip

살구잼 대신 다른 잼을 이용해도 좋아요. 딸기잼을 이용할 때는 체다 치즈 1장을 같이 넣으면
더욱 맛있습니다. 와플 팬이 없다면 식빵에 재료를 넣고 팬에 올린 채로 약불에 앞뒤로 굽다가
밥그릇으로 누르면 손쉽게 포켓 샌드위치가 만들어집니다.

1

2

3

4

크래커 옷을 입은 치킨

사 먹는 치킨보다 맛있고 손쉽게 만들 수 있는 크래커 치킨.
크래커는 바삭바삭하면서도 기름기 많은 튀김옷보다 훨씬 담백해요.
한 입 가득 물었을 때 삼키기 아까울 정도로 맛있는 음식이랍니다.

309.5 kcal

2인 기준

재료

곡물 크래커 6조각, 닭 안심 150g, 올리브유 약간, 소금 약간, 후추 약간,
계란 흰자 1개, 다진 마늘 1작은술

Recipe

1. 계란 흰자는 거품이 충분히 생길 정도로 젓는다.
2. 곡물 크래커는 가루를 낸다.
3. 닭 안심은 올리브유와 소금, 후추, 다진 마늘로 마리네이드 한다.
4. 닭 안심에 계란 흰자를 입히고 크래커 가루를 묻혀 180℃로 예열한 오븐에서 20분간 굽는다.

⬦ Tip

크래커를 비닐에 넣어 부수면 바삭바삭한 질감을 살릴 수 있으며,
믹서기에 갈아 곱게 만들면 더욱 고소하게 즐길 수 있습니다.

1

2

3

4

<u>49</u>
양상추 샌드위치

탄수화물은 이제 그만! 아삭한 식감의 양상추와 채소를 가득 넣고 만든 샌드위치.
많이 먹어도 부담이 없어 다이어트에 안성맞춤인 요리입니다.

306 kcal

2인 기준

재료
양상추 4장, 토마토 1개, 체다 치즈 1장, 양파 1/2개, 올리브유 약간,
발사믹 식초 1/2큰술, 훈제 닭가슴살 140g

Recipe

1. 양상추는 깨끗이 씻어 물기를 제거하고 큰 잎으로 준비하거나 작은 잎을 두세 장 겹쳐서 준비한다.
2. 토마토는 깨끗이 씻어 얇게 슬라이스 하고, 체다 치즈는 반으로 자른다.
3. 양파는 깨끗이 씻어 채 썬 후, 올리브유와 발사믹 식초를 두른 팬에 갈색빛이 날 정도로 볶는다.
4. 닭가슴살은 먹기 좋은 크기로 잘게 찢는다.
5. 양상추에 체다 치즈와 토마토, 찢은 닭가슴살, 볶은 양파를 올린다.

🔒 Tip
마늘과 양파, 토마토를 이용해 미리 잼을 만들어 두었다가 함께 곁들이면 더욱 좋습니다. (21페이지 참고)

1

2

3

4

5

<u>50</u>
양배추 숙주 볶음

매일 먹어도 질리지 않을 채소 볶음. 특히 이 요리의 주인공은 양배추인데요.
어떤 채소와 곁들여도 잘 어울리는 양배추에 숙주를 넣어 아삭함을 더해준다면 더욱 맛있는 채소볶음을 맛볼 수 있어요.

283
kcal

2인 기준

재료
양배추 5장, 숙주 1줌, 양파 1/2개, 마늘 2개, 마늘 페이스트 1큰술, 맛간장 1/2작은술,
훈제 닭가슴살 130g, 훈제계란 1개

Recipe

1. 양배추는 깨끗이 씻어 면발 굵기로 얇게 채 썬다.
2. 숙주와 마늘, 양파를 깨끗이 씻은 후 숙주는 물기를 제거하고 마늘은 슬라이스, 양파는 채 썬다.
3. 훈제 닭가슴살은 채 썬다.
4. 팬에 마늘 페이스트를 두르고 마늘이 바삭하게 튀겨질 정도로 굽는다.
5. 마늘이 튀겨지면 닭가슴살과 양배추, 숙주, 양파를 넣고
   채소가 숨이 죽지 않을 정도로만 살짝 볶는다.

♣ Tip
맛간장을 살짝 더해 간을 맞추고, 훈제계란을 곁들입니다.
양배추는 많이 볶을수록 단맛과 감칠맛이 나오지만, 숙주는 살짝 볶아야 아삭하고
맛있기 때문에 순서를 정해 볶는 것이 좋습니다.

1

2

3

4

5

<u>51</u>

토마토 스튜

건강에 좋은 토마토를 푹 끓여 만든 토마토 스튜. 토마토를 넉넉히 넣으면 그만큼 건강에 더욱 좋겠죠?
마녀스프라고도 알려진 다이어트에 일등공신인 스튜입니다.

268.2 kcal

2인 기준

재료

양배추 2장, 토마토 1개, 훈제 닭가슴살 130g, 양파 1/2개, 당근 1/3개, 샐러리 1줄기,
마늘 4개, 월계수잎 1장, 소금 약간, 후추 약간

Recipe

1. 양배추와 토마토를 깨끗이 씻은 후 양배추는 사각으로 잘라 3cm 크기로 썰고,
   토마토도 비슷한 크기로 썬다.
2. 닭가슴살은 한입 크기로 찢거나 칼로 얇게 썬다.
3. 양파와 당근, 샐러리, 마늘을 깨끗이 씻어 마늘은 꼭지를 제거한 후 슬라이스 하고,
   나머지 채소는 먹기 좋은 크기로 썬다.
4. 냄비에 모든 재료를 차곡차곡 쌓은 후 물 2컵 반과 월계수잎을 넣고 소금, 후추로 간해서
   20분 정도 끓인다.

♨ Tip

감자, 고구마, 브로콜리 등 자투리 채소를 넣고 끓여도 좋아요.
양이 넉넉하니 나눠서 보관했다가 차게 먹어도 맛있습니다.

1

2

3

4

52
낫토 마 해산물 무침

일본식 청국장이라고 할 수 있는 낫토는 발효 음식이어서 건강에도 좋아요.
어떻게 먹어야 할지 몰라서 쉽게 구입하지 못했다면 낫토를 이용한 해산물 무침을 추천합니다.

267.3
kcal

2인 기준

재료
낫토 50g, 마 10cm, 주꾸미 80g, 조갯살 80g, 새우 60g, 검은깨 약간,
저염 간장 1작은술, 식초 1작은술, 겨자 약간, 방울토마토 5개, 샐러리 1줄기

Recipe

1. 마는 깨끗이 씻어 껍질을 제거한 후 사방 1cm 크기로 썬다.
2. 간장, 검은깨, 식초, 겨자를 섞어 드레싱을 만든다.
3. 주꾸미는 내장과 먹물을 제거해 조갯살, 새우와 함께 끓는 물에 넣어 충분히 익힌 후
   물기를 제거한다.
4. 방울토마토와 샐러리는 깨끗이 씻어 방울토마토는 반으로 썰고
   샐러리는 질긴 섬유질을 제거해 얇게 채 썬다.
5. 손질한 재료에 낫토와 드레싱을 넣어 버무린다.

⬥ Tip
마 알레르기가 없는지 확인하고 섭취하는 것이 좋습니다.
마를 손으로 만졌을 때 간지럽다면 먹지 않는 게 좋아요.

1

2

3

4

5

53

코티지 치즈 수박 샐러드

우유를 이용해 집에서 손쉽게 코티지 치즈를 만들어 보세요.
직접 만들어 더욱 고소하고 맛있는 코티지 치즈는 샐러드에 활용할 수도 있답니다.

265 kcal

2인 기준

재료

코티지 치즈 60g, 수박 1/4개, 어린잎채소 1줌

Recipe

1. 수박은 1.5cm 크기 또는 한입 크기로 깍둑썰기 한다.
2. 코티지 치즈를 수박과 비슷한 크기로 작게 자른다.
3. 어린잎채소는 깨끗이 씻어 물기를 제거한다.
4. 어린잎채소에 손질한 수박과 코티지 치즈를 곁들인다.

◆ Tip

수박을 구하기 힘든 계절에는 딸기나 사과, 바나나, 토마토 등의 과일을 이용해도 좋습니다.

*코티지 치즈 만드는 법 – 22페이지 참고

1

2

3

54

케일 해산물 샐러드

케일은 다소 쌉싸름하지만 드레싱으로 만들어 다양한 채소와 함께 먹으면 정말 맛있어요.
일반 샐러드와는 또 다른 풍미로 케일 해산물 샐러드를 즐겨보세요.

257.7 kcal

2인 기준

재료

케일 2장, 냉동새우 6마리, 오징어 1/2마리, 브로콜리 1/4개, 양송이버섯 2개, 다진 양파 1큰술,
마늘 4개, 올리브유 3큰술, 파마산 치즈 1큰술, 퀴노아 2큰술, 방울토마토 6개

Recipe

1. 냉동새우를 해동한 후 오징어와 함께 먹기 좋은 크기로 손질해 끓는 물에 넣어
   새우의 색이 변할 만큼만 살짝 데친다.

2. 브로콜리와 양송이버섯은 한입 크기로 4등분해서 브로콜리의 색이 진해질 정도로 볶는다.

3. 믹서기에 잘게 자른 케일과 마늘, 다진 양파, 올리브유, 파마산 치즈를 넣고 갈아 드레싱을 만든다.

4. 퀴노아는 15분 정도 삶고, 방울토마토는 깨끗이 씻어 반으로 잘라
   손질한 재료와 함께 드레싱에 버무린다.

🔒 Tip

케일과 퀴노아는 신진대사를 활발하게 하고 활성산소를 배출하는 효과가 있습니다.
해산물 역시 저지방인 데다가 단백질 함량이 풍부합니다.

1

2

3

4

55

호박 깻잎국수

"국수 언제 먹여줄래?" "국수 먹으러 가야지" 등 흔히 결혼을 국수에 비유하고는 하죠.
하지만 요즘 결혼식에선 보기 힘든 음식이라 결혼 전에 지인들에게 대접해야지 생각했다가 만들었던 국수예요.
깻잎과 호박을 넣었더니 향이 참 좋아 기분 좋게 먹을 수 있었답니다.

255.8
kcal

2인 기준

재료
쌀국수 1/2인분, 깻잎 5장, 애호박 1/2개, 다시마 2장, 무 2cm, 양파 1/2개, 멸치 6마리,
건새우 1줌, 다진 마늘 2큰술

Recipe

1. 냄비에 물과 다시마, 무, 양파, 멸치, 건새우, 다진 마늘을 넣고 푹 끓여 육수를 만든다.
2. 호박과 깻잎을 깨끗이 씻은 후 호박은 0.5cm 두께로 얇게 썰어 씨를 제거하고,
   깻잎은 돌돌 말아 얇게 채 썬다.
3. 쌀국수는 찬물에 담갔다가 끓는 물에 2분 정도 삶는다.
4. 육수에 국수를 말고 호박과 깻잎을 넣어 살짝 끓인다.

♣ Tip

고춧가루를 뿌려 먹어도 좋습니다.

1

2

3

4

가정식으로 다이어트 실천하기

저염식을 시작한다

나트륨은 몸의 수분을 모두 끌어모아 몸을 붓게 하는데, 붓기를 빨리 빼주지 않으면 살로 변할 수 있습니다. 나트륨 배출에 효과적인 칼륨이 많이 들어간 바나나, 양배추, 감자, 고구마, 콩, 연근, 우엉, 호박 등을 섭취하는 것도 좋은 방법이고요.

제가 추천하는 방법은 염분을 적게 넣고 만든 요리의 맛에 재미를 느끼는 것입니다. 채소볶음의 경우 처음부터 채소에 별다른 간을 하지 않고 볶아도 채소 각자의 고유한 맛이 주는 재미를 맛볼 수 있을 거예요.

초반부터 간을 하지 않은 맹맹한 음식을 먹기 힘들다면 저염 간장이나 소금을 소량 사용하거나 마늘, 후추 등의 향신료를 사용해 보세요.

현미 또는 귀리밥

현미와 귀리는 쌀보다 칼로리는 높지만 식이섬유가 풍부해 몸속에 흡수되는 양이 적고 배변활동에 도움을 줍니다. 뿐만 아니라 소화작용이 늦기 때문에 포만감도 오래가고, 씹는 시간이 오래 걸려 먹는 양을 줄이기도 쉽습니다. 하지만 물을 충분히 섭취해야 식이섬유가 잘 분해되어 배에 가스가 차는 걸 방지할 수 있습니다.

현미나 귀리밥이 먹기 힘들다면 현미를 구입 후 7분도, 5분도로 도정해서 먹는 것도 방법입니다. 분도란 현미의 껍질을 깎아내는 정도를 얘기하는데요. 요즘에는 마트에 즉석도정 코너가 있어서 원하는 분도에 맞춰 쉽게 도정할 수 있습니다. 5분도나 7분도 정도면 현미처럼 쌀을 불려 밥을 하지 않아도 일반미처럼 쉽게 밥을 할 수 있을 거예요.

반찬을 할 때는 기름 대신 물을 사용한다

볶음요리를 할 때는 기름에 볶는 것보다 물을 약간 넣고 볶는 것이 좋습니다. 물을 넣고 볶는 요리법 또한 볶음이라고 하는데요. 덮밥이나 손쉬운 반찬을 할 때 주로 이용하는 볶음 조리법에 물을 넣으면 칼로리를 훨씬 줄일 수 있습니다.

기름을 꼭 사용해야 한다면 올리브유, 카놀라유, 포도씨유, 해바라기씨유 등의 식물성 기름을 사용하되, 오랫동안 볶지 않는 것이 좋습니다.

단호박이나 감자, 고구마 등 단단한 특성을 가진 재료는 전자레인지에 1~2분 정도 돌려서 미리 익힌 후 요리하면 재료가 익는 시간이 줄어들기 때문에 기름을 많이 넣지 않아도 빠르게 요리를 완성할 수 있습니다.

주변에 좋은 음식들 채워 두기

다이어트는 먹지 않는다고 성공하는 것이 아닙니다. 오히려 너무 먹지 않으면 그만큼 기초대사량이 줄어 나중에는 조금만 먹어도 살이 찌는 체질로 변할 수 있어요. 또한 다이어트 중 스트레스를 받으면 식욕을 더욱 자극할 수 있는데, 이럴 경우 갑작스런 폭식으로 이어지기 쉽습니다.

때문에 건강하게 다이어트를 하기 위해서 집이나 차 안, 사무실 등 음식에 손이 쉽게 닿는 공간에 저칼로리 식품을 구비해두는 것이 좋은데요. 하루 3끼를 거르지 않는 것은 물론 수시로 먹을 수 있는 좋은 영양소 급원 음식인 견과류나 샐러드, 양배추, 당근, 오이, 에너지바, 닭가슴살, 삶은 달걀, 고구마, 감자, 과일, 칼로리와 GI지수가 낮은 스낵 등의 간식을 틈틈이 섭취하도록 합니다.

밥을 할 땐 부재료를 넉넉히 넣는다

밥을 할 때 두부, 콩, 콩나물, 감자, 고구마, 다시마, 무 등의 부재료를 넉넉히 넣고 해보세요. 부재료를 넣게 되면 밥을 많이 먹지 않아도 금세 포만감을 느낄 수 있기 때문에 효과 좋은 다이어트 방법이 될 수 있습니다.

뿐만 아니라 두부나 감자, 고구마는 단백질 함량이 높고 지방을 근육으로 바꿔주는 효과가 있어 다이어트에 도움이 되는 식품이에요. 또한 무는 소화효소를 함유하고 있어 소화 작용이 원활하게 이뤄질 수 있도록 도와줍니다.

책에도 무, 버섯 등의 부재료를 활용한 여러 가지 밥 레시피가 있으니 한번 따라해 보세요. 매일 먹는 밥을 활용해 영양만점의 건강한 다이어트를 하는 방법, 어렵지 않을 거예요.

물을 넉넉히 마신다

하루에 2L의 물을 마시는 습관을 들여보세요. 처음에는 물을 많이 마시는 게 힘들 수가 있어요. 바쁜데 시간 맞춰 먹기도 힘들고, 수분 섭취량이 많아져 화장실에 자주 가게 되기도 하고요.

하루에 2L 마시는 게 쉬운 일은 아니니 처음부터 한 번에 늘리려고 하지 말고 갑작스러운 변화에 몸이 적응할 수 있도록 수분 섭취량을 조금씩 조금씩 늘려보세요. 3~7일 정도 지나면 화장실에 가는 시간이 줄어들고, 피부가 촉촉해지고 몸이 가벼워지는 걸 느낄 수 있을 거예요.

그렇게 물을 마시다가 결혼식 하루 전날부터 물을 마시지 않으면 오히려 몸이 더욱 슬림해지는 일석이조의 효과도 볼 수 있답니다.

D-30

Special page

**다이어트에 좋은 음식 &
피해야 할 음식**

<u>56</u>
딸기 바나나 낫토 스무디

바쁜 아침에 밥 먹을 시간이 없겠다 싶으면 재빨리 만들어 텀블러에 넣어 식사대용으로 먹는 음식이에요.
다이어트 중에는 절대 굶지 않고 제 시간에 끼니를 챙겨 먹어야 한다는 것 잊지 마세요.

253 kcal

2인 기준

재료

바나나 1/2개, 딸기 3알, 저지방 우유 1팩, 아가베 시럽 2큰술, 낫토 1/2팩

Recipe

1. 딸기는 깨끗이 씻어 꼭지를 떼고, 바나나는 껍질을 벗겨 작게 자른다.
2. 저지방 우유와 아가베 시럽 또는 꿀, 낫토를 준비한다.
3. 모든 재료를 믹서기에 넣고 간다.

Tip

낫토의 향이 부담스럽다면 유산균이 살아있는 저지방 요거트를 이용해 보세요.
장에 좋은 스무디를 만들 수 있답니다.

1

2

3

시금치 샐러드

삶아서 무쳐 먹거나 국으로만 먹던 시금치. 봄철 시금치는 생으로 먹어도 달고 맛있는데요.
샐러드 재료로 활용해 시금치 하나로 봄을 느껴보는 것 어떠세요?

248.6 kcal

2인 기준

재료

여린 시금치 1줌, 사과 1/4개, 건포도 1큰술, 꿀 1작은술, 물 3큰술, 올리브유 1큰술, 리코타 치즈 60g

Recipe

1. 끓는 물에 꿀과 건포도를 넣고 약한 불에 건포도가 부드러워질 때까지 끓인다.
2. 시금치는 여린 것으로 골라 뿌리를 제거하고 깨끗이 씻어 물기를 뺀다.
3. 사과는 깨끗이 씻어 껍질째로 얇게 슬라이스 한다.
4. 접시에 시금치와 사과를 올리고 치즈를 듬성듬성 얹은 후, 건포도 조림과 올리브유를 뿌린다.

🔖 Tip

여린 시금치는 생으로 먹어도 달고 맛있지만,
잎이 큰 시금치는 살짝 데쳐서 먹는 게 좋습니다.

1

2

3

4

58
연두부 티라미수

다이어트 중에도 달달한 디저트는 계속 머릿속에 맴도는데요.
그렇다고 다이어트를 포기하기에는 그동안의 노력과 시간이 아깝죠.
그럴 때는 연두부를 이용해 부담 없이 즐길 수 있는 티라미수를 만들어 보세요.

246.5 kcal

2인 기준

재료
연두부 1개(250g), 바나나 1개, 건포도 1작은술, 인스턴트 블랙커피 1봉지, 메이플 시럽 1작은술

Recipe

1. 믹서기에 연두부와 바나나, 건포도를 넣고 간다.
2. 다른 볼에 인스턴트 커피와 메이플 시럽을 섞는다.
3. 컵에 1을 2큰술 넣고 2를 1작은술 정도 넣는다.
4. 3의 순서를 반복하며 레이어를 쌓아 냉장고에 넣는다.

♠ Tip

연두부 티라미수는 젤라틴이 들어있지 않아 다른 티라미수와는 달리 흐르는 질감인데요.
케이크처럼 먹고 싶다면 한천가루 2큰술을 끓는 물에 넣어 녹인 다음 반죽과 섞어주세요.
그리고 1시간 정도 굳힌 후 먹으면 됩니다.

1

1

2

3.4

59

오징어 새우 오트밀 튀김

다이어트를 하다 보면 다이어트 시리얼이 지겨워져서 시리얼이 남을 때가 있는데요.
그럴 때 튀김옷으로 활용해 보세요. 오븐에 구우면 기름 없이도 바삭한 튀김을 만들 수 있답니다.

245.4 kcal

2인 기준

재료

오징어 1/2마리, 새우 4마리, 계란 흰자 1개, 시리얼 1컵

Recipe

1. 오징어와 새우는 깨끗이 씻어 껍질을 제거한 후 먹기 좋은 크기로 손질한다.
2. 계란 흰자를 풀어 머랭을 만든다.
3. 일회용 비닐에 시리얼을 넣고 으깬다.
4. 오징어와 새우에 계란 흰자와 오트밀을 차례대로 묻힌 후 170℃ 오븐에 20분간 굽는다.

🔖 Tip

시리얼이 눅눅하다면 팬에 한 번 볶은 후 사용하면 됩니다.

1

2

3

4

<u>60</u>

닭가슴살 주먹밥

닭가슴살 캔 통조림 하나면 간단하게 만들 수 있는 요리예요.
주먹밥 겉면에 선식가루나 파래가루를 묻혀서 먹으면 더욱 풍미를 느낄 수 있답니다.

230.5 kcal

3인 기준

재료

닭가슴살 캔 1/2개, 식초 1작은술, 마늘 1작은술, 꿀 1작은술, 현미밥 1공기,
선식가루 또는 파래가루 1큰술

Recipe

1. 팬에 닭가슴살과 식초, 마늘, 꿀을 넣어 노릇해질 때까지 볶는다.
2. 현미밥을 동그랗게 둥글려 가운데 구멍을 만든 후 그 안에 1을 넣는다.
3. 1이 새어나오지 않게 그 위에 밥을 덮고 동그라미, 세모 모양으로 주먹밥을 만든다.
4. 3에 선식가루나 파래가루를 묻힌다.

Tip

냉장고 속 자투리 채소를 함께 볶아 넣어도 좋습니다.

1

2

3

4

<u>61</u>
자몽 치즈 샐러드

덴마크 다이어트를 하다가 자몽의 쌉싸름한 맛에 포기를 했던 적이 있어요.
저처럼 자몽을 잘 먹지 못하겠다면 샐러드 재료로 활용해 보세요. 건강하면서도 맛있게 자몽을 즐길 수 있을 거예요.

224.8
kcal

2인 기준

재료
로메인 3장, 양상추 2장, 샐러리 1줄기, 페타 치즈 60g, 자몽 1/2개,
올리브유 2큰술, 레몬즙 1작은술, 설탕 약간

Recipe

1. 로메인과 양상추를 깨끗이 씻은 후 먹기 좋은 크기로 손질한다.
2. 페타 치즈는 한입 크기로 자르고, 샐러리는 질긴 섬유질을 제거한 후 얇게 채 썬다.
3. 자몽은 반으로 잘라 칼을 이용해 과육을 파낸다.
4. 자몽 과육과 자몽에 남아있는 과즙, 올리브유, 레몬즙, 설탕을 섞어 드레싱을 만든 후
   1, 2와 함께 버무린다.

♠ Tip
페타 치즈가 없다면 쉽게 만들 수 있는 코티지 치즈를 곁들여도 좋습니다. (22페이지 참고)

1

2

3

4

<u>62</u>
오리엔탈 곤약 샐러드

봉골레 파스타가 너무 먹고 싶은데 결혼이 얼마 남지 않아 꾹 참아야 했던 때,
곤약과 채소를 활용해 파스타 같은 샐러드를 만들어서 먹었어요. 그 맛이 어찌나 반갑던지.
파스타가 그리울 때 한 번 만들어 보세요.

209 kcal

2인 기준

재료

오이 1/3개, 무 1/6개, 양파 1/2개, 파프리카(노란색, 빨간색) 1/4개씩, 실곤약 1봉지(400g),
냉동새우 100g, 마늘 3개, 올리브유 1작은술, 피쉬소스 1큰술, 꿀 1큰술, 후추 1/2작은술, 식초 약간

Recipe

1. 무, 파프리카, 오이, 양파는 깨끗이 씻어 비슷한 크기로 얇게 채 썬다.
2. 끓는 물에 식초를 1~2방울 넣어 곤약을 데친 후 물기를 제거한다.
3. 냉동새우는 해동시켜 끓는 물에 색깔이 날 때까지 데치고, 마늘은 편 썰어 굽는다.
4. 올리브유와 피쉬소스, 꿀, 후추를 섞어 드레싱을 만들고 손질한 재료와 버무린다.

♦ Tip

곤약은 간이 잘 배지 않는 식품인데요. 그렇다고 소스를 너무 많이 넣으면
염분 섭취가 늘어나기 때문에 간이 잘 배는 버섯을 함께 요리하는 것도 좋은 방법입니다.

1

2

3

4

63

두부 샌드위치

평범한 두부조림은 이제 그만. 닭가슴살과 우엉을 함께 볶아 맛도 좋고 식감도 좋은 특별한 간식을 만들어 봤어요.
집들이 음식으로도 좋은 두부 샌드위치를 소개할게요.

203 kcal

2인 기준

재료

두부 1모, 닭가슴살 1캔, 우엉 5cm, 간장 1작은술, 식초 1큰술, 가쓰오부시 1줌, 양파 1/4개

Recipe

1. 두부는 1cm 두께로 넓게 잘라 팬에 앞뒤가 노릇해질 때까지 굽는다.
2. 우엉과 양파는 깨끗이 씻어 얇게 채 썬다.
3. 팬에 닭가슴살과 우엉, 양파를 같이 볶다가 식초와 간장을 넣어 조린다.
4. 두부 위에 3을 올린 후 두부를 덮고 가쓰오부시를 얹는다.

♟ Tip

두부 샌드위치를 만들 땐 단단한 부침용 두부를 사용하는 게 좋습니다.

1   2   3   4

<u>64</u>
해초 멍게 무침

미역, 다시마, 톳 등의 해초는 제가 참 좋아하는 식재료인데요.
요즘에는 샐러드로 먹을 수 있도록 손질해서 파는 것도 많더라고요.
몸에도 좋고 맛도 좋은 해초에 향이 좋은 멍게까지 한 번에 즐길 수 있는 요리를 소개할게요.

198.7 kcal

2인 기준

재료

해초 1줌, 멍게 150g, 양파 1/2개, 오이 1개, 당근 1/3개
초고추장 소스 : 고추장 1작은술, 블루베리 식초 1큰술, 무즙 2큰술, 참기름 약간

Recipe

1. 해초는 찬물에 10분 정도 담갔다가 깨끗이 헹궈 짠맛을 없앤 후 물기를 제거한다.
2. 양파와 오이, 당근은 깨끗이 씻어 얇게 채 썬다.
3. 무는 깨끗이 씻은 후 강판에 갈아 즙을 내서
   블루베리 식초와 고추장, 참기름을 함께 섞어 초고추장을 만든다.
4. 볼에 멍게와 해초, 손질한 채소를 넣고 초고추장을 섞는다.

⚘ Tip

과일식초는 단맛을 가지고 있기 때문에 설탕을 넣지 않고 조리를 해도 좋습니다.

1

2

3

4

65
다시마 김치 비빔국수

쫄면, 냉면, 비빔국수 등 매콤한 면이 생각날 때는 스트레스 받지 말고 한 번씩 먹는 것도 나쁘지 않아요.
하지만 칼로리를 최소한으로 줄이는 것이 좋겠죠?
다시마나 해초를 이용해 만드는 가벼우면서도 새콤한 비빔국수를 소개할게요.

196.4 kcal

2인 기준

재료
꼬시래기(해초류) 1컵, 숙주나물 1/2줌, 김치 1장, 고추장 1작은술, 고춧가루 1큰술,
양파 1/2개, 양배추 1장, 통밀면 조금

Recipe

1. 김치는 잘게 썰고, 양파와 양배추는 깨끗이 씻어 얇게 채 썬다.
2. 팬에 물을 살짝 넣고 양파와 양배추, 숙주를 투명해지도록 볶는다.
3. 김치와 고추장, 고춧가루를 섞어 양념장을 만든다.
4. 꼬시래기는 살짝 데치고, 통밀면은 삶아 함께 섞는다.
5. 양념장에 통밀면와 꼬시래기, 채소를 넣어 비빈다.

♦ Tip

꼬시래기를 구하기 힘들다면 절인 해초로 대체해도 좋습니다.
절인 해초를 사용할 때는 생수에 한 번 헹구고 양념을 반만 넣어 비벼 먹는 것이 좋습니다.

1

2

3

4

5

66

두부 토로로

토로로는 마를 갈아 넣어서 끈적하게 먹는 음식인데요.
마 대신 낫토를 넣어 밥 위에 얹어 먹어도 좋아요. 만드는 방법은 간단하지만 맛은 최고!
저는 적은 양으로도 포만감을 느낄 수 있도록 두부를 넣어 토로로를 만들어 봤어요.

179.5 kcal

2인 기준

재료

두부 1/4모, 낫토 1/2개, 다진 파 1큰술, 다진 양파 1큰술, 다진 마늘 1작은술, 간장 1/2작은술

Recipe

1. 두부는 물기를 제거한 후 으깬다.
2. 팬에 물을 약간 넣고 다진 파, 다진 양파, 다진 마늘을 넣어 살짝 볶는다.
3. 낫토를 다져서 두부와 섞는다.
4. 2와 3을 섞은 후 간장으로 간한다.

♀ Tip

다이어트 중에는 밥 대신 두부를 많이 넣어 식사대용으로 먹는 것이 좋습니다.

1

2

3

4

67

동태포 콩조림

짜거나 맵지 않게 콩을 넣고 졸인 특별한 생선 조림이에요.
콩을 충분히 끓여 익힌다면 더욱 부드럽고 고소하게 먹을 수 있답니다.

171 kcal

2인 기준

재료

동태포 4장, 병아리콩 1/2컵, 간장 1큰술, 다진 생강 1작은술, 정종 2큰술, 파 1/3대, 후추 약간

Recipe

1. 동태포는 물기를 제거하고 후추로 밑간한다.
2. 냄비에 물 2컵과 병아리 콩을 넣어 15분 정도 끓인다.
3. 콩이 익으면 동태포와 정종을 넣고 동태포가 익을 때까지 끓인다.
4. 동태포가 다 익으면 채 썬 파와 생강, 간장을 넣고 한번 더 끓인다.

♦ Tip

병아리콩을 부드럽게 먹으려면 6시간 정도 불린 후 끓이면 됩니다.

1

2

3

4

<u>68</u>
바나나 스무디

칼륨이 많이 함유된 바나나는 체내의 나트륨을 배출하는 데 좋은 식품입니다.
그래서인지 바나나 향이 가득한 스무디를 먹으면 몸의 붓기가 가라앉는 기분이에요.

169.2 kcal

2인 기준

재료

바나나 50g, 두유 30ml, 연두부 100g

Recipe

1. 바나나는 껍질을 제거해서 작게 썬다.
2. 믹서기에 두유와 연두부, 바나나를 넣고 간다.

Tip

아침에는 사과를 이용해서 주스를 만들어도 좋습니다.

1

2

<u>**69**</u>

연두부 해초 샐러드

두부의 맹맹한 맛에 싫증이 난다면 연두부를 이용해 샐러드를 만들어 보세요.
가쓰오부시, 해초 등이 연두부를 새로운 맛으로 바꿔줄 거예요.

163.35 kcal

2인 기준

재료

연두부 1팩, 해초 1줌, 양파 1/4개, 블루베리 식초 1작은술, 레몬즙 1작은술, 간장 1작은술,
설탕 1작은술, 가쓰오부시 약간

Recipe

1. 연두부는 스푼으로 떠서 크게 4등분한다.
2. 해초는 물에 10분 정도 담갔다가 깨끗이 헹궈 짠맛을 없앤 후 물기를 제거한다.
3. 양파는 깨끗이 씻어 채 썰고 식초와 레몬, 간장, 설탕을 넣어 10분 정도 절인다.
4. 연두부에 절인 양파와 해초를 올린 후 가쓰오부시를 얹어 마무리한다.

♠ Tip

블루베리 식초 대신 일반 식초, 해초 대신 불린 미역을 사용해도 좋습니다.

70

베리 요거트 케이크

잘랐을 때 단면이 마치 신부처럼 예쁜 케이크에요.
겉은 하얗지만 속은 화려한, 모양도 예쁘고 맛도 좋은 푸딩 스타일의 케이크랍니다.

161.8 kcal

2인 기준

재료

블루베리 2큰술, 라즈베리 2큰술, 딸기 5개, 물 1/2컵, 플레인 요거트 100g, 한천가루 2큰술

Recipe

1. 블루베리와 라즈베리, 딸기는 깨끗이 씻어 물기를 제거한다.
2. 한천가루는 물과 1:1로 섞어 냄비에 한 번 끓여서 불린다.
3. 요거트에 2를 섞는다.
4. 실리콘 컵에 베리와 3을 겹겹이 쌓는다.
5. 냉장고에 넣어 굳힌 후 먹기 좋은 크기로 자른다.

♥ Tip

베리를 구하기 힘들다면 요거트와 잼에 한천을 섞어 굳혀도 달콤한 디저트가 만들어집니다.
하지만 칼로리는 조금 높아지겠죠?

1

2

3

4

5

다이어트에 좋은 음식 & 피해야 할 음식

Good

귀리

귀리는 현미보다 낮은 칼로리에 비타민과 식이섬유, 미네랄, 단백질도 많아 다이어트에 좋은 식품입니다.

귀리는 하루 전날 물에 불려 냉장고에 넣어 두었다가 밥을 하면 옥수수 익힌 것처럼 꼬들꼬들하게 식감이 좋아집니다. 시중에 으깬 귀리도 판매하고 있는데요. 우유에 타 먹거나 물에 넣고 끓여 스프나 죽처럼 먹어도 좋습니다. 또한 견과류나 말린 과일을 넣어 끓이면 고소하고 맛있는 간단 영양식을 만들 수도 있고요. 에너지바로 만들면 건강한 대체 간식을 완성할 수 있습니다.

콩류

요즘엔 검은콩, 렌틸콩, 병아리콩 등의 여러 가지 콩이 다이어트 식품으로 인기가 많은데요. 콩은 단백질을 주로 포함하고 있는 음식이어서 근육을 만드는 데는 효과가 미비하나 다이어트 중 에너지를 제공하고 포만감을 주는 데는 큰 몫을 합니다. 또한 100g당 391kcal로 열량이 높지만 대부분 불포화지방산을 함유하고 있기 때문에 콜레스테롤 제거에 도움이 되며 변비 해소에도 효과가 좋습니다.

밥에 섞어 먹거나 샐러드에 곁들이는 등의 요리법을 이용하면 포만감을 더할 수 있고 부족했던 비타민 섭취에도 도움이 됩니다.

양배추

양배추는 맛이나 향이 강하지 않기 때문에 수시로 간편하게 먹을 수 있는 채소 중에 하나인데요.

비타민과 수분의 함량이 높아 다이어트 중 지칠 수 있는 피부에 활력을 주고, 식이섬유가 풍부해 배변활동에도 도움이 됩니다. 또한 양배추의 칼륨은 나트륨 배출을 도와 몸의 붓기를 빼주며 포만감을 주기도 합니다.

양파와 마늘

양파와 마늘의 매운맛은 음식물이 지방으로 쌓이는 것을 막아줄 뿐만 아니라 몸에 열을 주어 신진대사를 활발히 촉진해 체내의 활성산소를 배출해줍니다. 또한 지방분해의 효과도 있어 다이어트에 좋은 식품이라 할 수 있습니다. 뿐만 아니라 특유의 향이 있기 때문에 저염 요리를 할 때 향신 재료로 사용하면 간을 많이 하지 않아도 각자 단맛과 감칠맛을 내는 역할을 합니다.

양파와 마늘은 생으로 먹는 것도 좋고, 간단하게 볶아서 먹어도 좋습니다.

토마토

토마토는 자극적인 음식이 생각날 때 먹으면 특유의 단맛과 새콤한 맛으로 식욕을 억제해줍니다. 게다가 수분 함량이 많아 포만감을 주고 비타민 함량도 많아 다이어트 중 필요한 음식 중에 하나입니다.

토마토는 생으로 먹어도 좋고 요리할 때 소스로 만들어 먹어도 좋습니다.

바나나

바나나는 포만감을 줄 뿐만 아니라 칼륨이 많아 체내의 나트륨을 배출하는 데 도움이 됩니다. 단맛 때문에 간식용으로도 좋고, 바나나 껍질과 과육 사이에 형성된 하얀 물질은 변비 해소에 탁월히 좋은데요. 특히 다이어트 중 불면증이 생겼을 때 잠들기 전 약간의 바나나를 섭취하면 불면증 해소에 도움이 됩니다.

바나나는 생으로 먹거나 혹은 스무디처럼 얼음과 함께 갈아 마셔도 좋고 드레싱으로 활용하는 것도 좋은 방법입니다.

*바나나 드레싱 활용 레시피-96페이지 참고

샐러리

샐러리에 들어 있는 철분과 마그네슘은 조혈작용을 도와 빈혈 증상이 있는 사람에게 큰 도움이 됩니다. 나트륨과 칼슘 같은 무기질은 인체에 해로운 일산화탄소를 배출해 두통을 완화시키고, 비타민 C와 폴리페놀 성분은 체내의 활성산소를 배출해 노화를 방지하고 피로를 개선해줍니다.

수분이 많고 향이 강하기 때문에 간식이 생각나거나 자극적인 음식이 먹고 싶을 때 섭취하면 식욕을 억제할 수 있습니다.

버섯

버섯은 요리했을 때 식감이 육류와 비슷해서 고기를 먹고 싶을 때 대체 음식으로 먹으면 좋습니다.

다이어트 중 음식 섭취가 고르지 못하면 면역력이 약해질 수 있는데 버섯은 면역력 강화에 도움을 줍니다. 뿐만 아니라 버섯은 100g당 38kcal로 열량도 낮은 편이라 다이어트에 매우 좋은 식품이라 할 수 있습니다.

사과

사과에 들어 있는 펙틴은 유익한 균의 번식을 도와주고 장을 튼튼하게 합니다. 게다가 섬유질이 풍부해 변비 예방에도 탁월한 식품입니다. 또한 비타민 C와 무기질도 풍부해 다이어트 중 푸석푸석한 피부를 한층 더 밝고 생기 있게 만드는 데 도움이 됩니다.

하지만 사과에는 당분이 많이 함유되어 있기 때문에 아침이나 점심 중으로 섭취하는 것이 좋습니다.

해조류

다시마나 미역 등의 해조류는 체내의 활성산소를 제거하고 피를 맑게 하는 효과가 있습니다. 다시마와 미역에 들어 있는 알긴산 또한 변비에 좋으며 다이어트 중 다소 지칠 수 있는 피부에 미용 효과를 줍니다.

라면

밤이면 밤마다 생각나는 라면은 매우 자극적인 음식인데요. 라면은 세계보건기구에서 권장하는 일일 나트륨 섭취량 2000mg에 근접한 식품이기 때문에 피해야 할 음식 1순위입니다.

라면을 먹게 된다면 나트륨이 다량 포함되어 있는 국물은 가급적 먹지 않도록 하고, 면은 튀긴 면이기 때문에 끓는 물에 한 번 데치는 것이 좋습니다.

햄버거

햄버거의 빵은 밀가루와 버터를 이용해 만들기 때문에 칼로리가 높아요. 패티는 나트륨 함량이 많은 소스와 알 수 없는 고깃덩어리로 만들어진 것이 많고, 피클 또한 엄청난 양의 설탕에 절여서 만들어집니다.

뿐만 아니라 시판하는 케찹보다 패스트푸드점에서 사용하는 케찹의 나트륨 함량이 배로 높다고 하니 햄버거 또한 가급적 먹지 않는 것이 좋습니다.

떡

떡은 쌀을 갈아 압축하듯 반죽을 해서 만드는데요. 떡 한 조각에 밥 한 공기가 다 들어간다지만 양이 적기 때문에 포만감을 느끼기 어려우므로 되도록이면 섭취를 삼갑니다.

주스 또는 음료

시판하는 대부분의 주스는 색소와 액상 과당, 각종 과일 향을 가미해 만드는 경우가 많습니다. 일반 탄산음료 역시 설탕 함유량이 많기 때문에 당의 섭취를 촉진시키고 몸의 균형을 깨트립니다. 때문에 탄산음료의 탄산처럼 다이어트 노력이 물거품이 될 수 있으니 주의해야 합니다.

시판 주스를 마시고 싶다면 식이섬유가 살아 있는 주스 또는 무가당 탄산수를 마시는 것을 권장합니다.

케이크와 쿠키

케이크와 쿠키는 크림과 당분, 버터의 함유량이 많아 다이어트에 적이 되는 음식입니다. 가급적 먹지 않는 게 좋으나 가끔씩 생각이 난다면 건강식으로 만드는 디저트 레시피를 활용하거나 곡물빵이나 통밀빵, 말린 채소칩 등을 섭취하는 게 좋습니다.

배달음식

치킨, 보쌈, 짜장면 등의 배달음식은 시간과 장소를 가리지 않고 우리를 유혹하곤 하는데요. 배달음식의 종류가 워낙 다양해서 선택할 수 있는 폭이 넓긴 하지만, 그 중 대부분이 맵거나 짜고 기름진 음식들입니다.

매운 음식은 잠깐의 스트레스를 풀어줄 수는 있겠지만 위장을 약하게 해 통증을 유발하는데요. 이러한 위 쓰림이 배고픔으로 느껴져 오히려 음식 섭취를 늘릴 수도 있습니다. 짠 음식 역시 몸을 붓게 하는 것은 물론 짠 맛의 특성상 탄산음료나 그 외 음식들을 더욱 생각나게 할 수 있으니 주의해야 합니다. 또한 다이어트 때문에 절식을 하다가 갑자기 기름진 음식을 먹게 되면 칼로리 섭취가 배가 될 뿐만 아니라 위장을 자극해 위를 상하게 할 수 있습니다.

이렇듯 배달음식은 올바르고 건강한 다이어트에 해가 되므로 가급적 피하도록 합니다.

D-7

<u>71</u>
아마씨 드레싱 주꾸미 샐러드

아마씨는 조금 생소한 재료일 텐데요. 물이나 우유에 타 먹는 방법이 많이 알려져 있지만,
아마씨를 이용해 밥을 하거나 드레싱을 만들면 아마씨를 더욱 맛있게 즐길 수 있을 거예요.

121.45
kcal

2인 기준

재료
주꾸미 100g, 애호박 1/4개, 가지 1/4개, 토마토 1/4개, 표고버섯 2개
드레싱 : 아마씨 1큰술, 올리브유 3큰술, 마늘 2개, 양파 1/3개, 레몬즙 1작은술, 소금 약간, 후추 약간

Recipe

1. 호박, 가지, 토마토, 버섯을 깨끗이 씻은 후 한입 크기로 썰어 팬에 볶는다.
2. 마른 팬에 아마씨를 한 번 볶은 후 나머지 드레싱 재료와 함께 믹서기에 간다.
3. 주꾸미는 소금으로 깨끗이 세척하고 끓는 물에 살짝 데친다.
4. 삶은 주꾸미에 드레싱을 섞고 볶은 채소 위에 올린다.

🗡 Tip

주꾸미는 타우린이 풍부해서 피로회복에 매우 좋기 때문에 다이어트 중 지친 몸에 활력을 줍니다.
아마씨는 작은 믹서기에 갈아야 잘 갈립니다.

1

2

3

4

72
자몽 비타민티

비타민 섭취가 부족한 날에 만들어서 마시면 몸 안에 비타민이 가득 채워지는 느낌이 들 거예요.
과일의 풍부한 향과 톡톡 터지는 탄산수의 느낌이 좋은 요리랍니다.

120.4 kcal

2인 기준

재료
자몽 1개, 레몬 1/2개, 딸기 5개, 탄산수 또는 미네랄 워터 1L

Recipe

1. 자몽은 껍질을 제거하고 과육만 준비한다.
2. 레몬은 깨끗이 씻어 껍질째 슬라이스 한다.
3. 딸기 역시 깨끗이 씻은 후 꼭지를 떼고 4등분한다.
4. 미네랄 워터에 손질한 과일을 담고 하루 정도 두었다가 마신다.

Tip
탄산수에 넣어둘 경우 탄산에 의해 과즙이 빨리 우러나므로 1시간 정도 후에 마셔도 됩니다.

1

2

3

4

73

오리엔탈 무 샐러드

감칠맛 가득한 오리엔탈 스타일의 샐러드예요.
태국에서 먹었던 쏨땀이 생각나 만들었던 음식인데요. 손쉽게 만들 수 있어 더욱 매력 있어요.

112.85
kcal

2인 기준

재료
무 1/4개, 오이 1/3개, 당근 1/3개, 피쉬소스 1작은술, 홍고추 1개, 땅콩 5알,
설탕 1작은술, 레몬즙 1작은술, 물 1큰술

Recipe

1. 무는 깨끗이 씻어 가늘게 채 썬다.
2. 오이와 당근, 홍고추를 깨끗이 씻은 후 오이는 껍질을 부분부분 제거해 사선으로 슬라이스 하고,
   홍고추도 슬라이스, 당근은 채 썬다.
3. 피쉬소스와 땅콩, 설탕, 레몬즙, 물을 설탕이 녹을 때까지 섞어 드레싱을 만든다.
4. 손질한 채소에 드레싱을 버무린다.

♔ Tip

레몬의 비타민과 무의 소화효소가 다이어트에 도움을 줍니다.
피쉬소스가 없을 때는 피쉬소스의 1/2 정도 되는 분량의 액젓을 넣고 만들어 보세요.

1

2

3

4

74
도토리묵 인절미

평소에 엄마가 해 주시던 도토리묵 무침에서 간장과 고춧가루만 쏙 뺐어요.
짜지 않아 좋고 칼로리가 높지 않아 부담 없이 먹을 수 있는 요리를 소개할게요.

111.75
kcal

2인 기준

재료

도토리묵 200g, 선식가루 1작은술, 참기름 1작은술, 양상추 3장, 오이 1/4개, 소금 약간

Recipe

1. 도토리묵을 한입 크기로 깍둑썰기 한다.
2. 선식가루에 도토리묵을 굴려 선식가루를 골고루 입힌다.
3. 오이와 양상추는 깨끗이 씻어 오이는 슬라이스, 양상추는 한입 크기로 썬다.
4. 손질한 재료를 한데 모아 참기름과 약간의 소금을 뿌린다.

Tip

도토리묵이 없다면 샐러드 채소를 더 많이 넣고 두부를 이용해 만드는 것도 좋은 방법입니다.

1

2

3

4

75
진저 밀크티

향긋한 홍차는 다이어트에도 좋은데요.
거기에 생강의 향까지 더해준다면 요즘 유행하는 밀크티 못지않은 음료를 만들 수 있답니다.

86.6
kcal

2인 기준

재료
생강 1개, 홍차 티백 1개, 저지방 우유 200ml, 물 1/2컵, 흑설탕 1작은술

Recipe

1. 생강은 깨끗이 씻어 얇게 채 썬다.
2. 냄비에 물과 채 썬 생강, 흑설탕을 넣고 색이 검게 변할 정도로 끓인다.
3. 저지방 우유에 홍차를 우린다.
4. 3에 2를 1작은술 정도 타서 마신다.

♣ Tip

생강조림은 냉장고에 보관했다가 요리할 때 사용하거나 생강차로 마셔도 좋습니다.

1

2

3

4

76
레몬 진저 샤베트

아이스크림이 너무 먹고 싶은데 우유와 크림이 부담스럽다면 이 레시피를 따라해 보세요.
손쉽게 만들 수 있을 뿐만 아니라 시원하면서도 상큼한 디저트를 맛볼 수 있을 거예요.

63.7
kcal

2인 기준

재료
레몬 2개, 탄산수 1컵, 꿀 1큰술, 생강즙 1작은술

Recipe

1. 레몬은 과육만 손질한 후 꿀, 탄산수와 섞어 으깬다.
2. 1에 생강즙을 넣고 글라스락에 넣어 냉동실에 2시간 정도 얼린다.
3. 포크로 으깨서 바로 먹어도 되고, 다시 한 번 냉동실에 얼렸다가 먹어도 좋다.

♠ Tip
얼음 얼리는 틀에 넣어 얼렸다가 생수에 넣어 마시거나
믹서기로 갈아 스무디처럼 마셔도 좋습니다.

1

2

2

3

신혼 그릇,
어떤 게 좋을까?
어디서 살까?

신혼 식탁에 멋을 더해주는 모던 한식기

1. 이롭게 빚은 담음
www.jdamum.com

투박해 보이지만 슬림한 라인이 살아 있는, 손으로 직접 만든 느낌이 물씬 나는 현대적인 한식기를 찾는다면 담음의 그릇을 추천합니다. 한식, 양식 등 모든 음식에 어울리는 특별함이 있는 그릇들이 가득하기 때문인데요. 매일 사용하는 기본 그릇으로는 색깔이 많이 들어가지 않은 단색 그릇을 추천해요. 오래 사용해도 질리지 않고 다른 식기들과 무난하게 조화를 이루며, 단색 그릇이 음식을 더욱 돋보이게 해 어떤 음식을 담아도 잘 어울린답니다. 무늬가 들어간 접시를 단품으로 구입해 포인트를 주는 것도 좋은 방법이에요.

2. 다이닝오브제
www.diningobject.com

백화점이나 갤러리에서만 만날 수 있었던 식기를 편리하게 구매하고 싶다면 다이닝오브제를 추천합니다. 다이닝오브제에는 주방용품부터 모던 한식기까지 다양한 종류의 식기가 많아요. 단순하고 명료하면서 질리지 않는 국내 유명작가의 식기와 셰프들의 아이템, 테이블 세팅 용품 등을 선별하여 소개하기도 한답니다. 이것저것 사고 싶은 게 많아 행복한 고민에 빠지기 쉬워서 제가 직접 머스트 해브 아이템들을 골라 봤어요. 홈페이지에 예쁘게 스타일링한 사진이 많으니 보고 따라하면서 신혼의 재미, 요리의 재미를 느껴보세요.

3. 김성훈도자기
www.kimsunghun.com

주방은 주부들이 오랜 시간을 보내는 놀이 공간이죠. 김성훈도자기는 그릇 빚는 남편과 그림 그리는 아내가 만나 주부들의 그런 마음을 읽고 즐거운 식탁을 만들기 위한 식기를 선보이는 곳입니다. '진심으로 만든 제품은 오래도록 쓰고 싶어진다'는 일념과 '식기는 스스로 화려함을 뽐내기보다 담고 있는 음식과 놓여진 공간을 더욱 돋보이게 해야 한다'는 브랜드 가치를 바탕으로 모든 식기를 수공예로 제작하는 곳이기도 해요. 이곳에는 다양한 색감과 실용성 있는 디자인을 바탕으로 쓰면 쓸수록 손이 가는 식기들이 많답니다.

캐주얼하고 따뜻한 분위기의 북유럽 접시

1. 카루셀리
www.karuselli.co.kr

독특한 북유럽풍 접시를 저렴한 가격으로 구입하고자 한다면 카루셀리를 추천합니다. 도예 전공 디자이너들이 직접 디자인하기 때문에 카루셀리에서만 만날 수 있는 제품들이 가득해요. 통통 튀는 매력이 있으면서도 과하지 않아 초보 주부들이 사용하기에 안성맞춤입니다. 홈데코 용품, 패브릭 용품 등도 판매하니 신혼집 인테리어에 활용해 보세요.

2. 커먼키친
www.commonkitchen.co.kr

북유럽 스타일의 주방용품들이 가득 모여 있는 커먼키친. 특별한 주방용품을 원한다면 이곳을 추천합니다. 가격은 조금 비싼 편이지만 시간이 지날수록 더욱 멋을 발하는 빈티지 제품들이 가득해 자신만의 분위기 있는 주방을 만들기에 좋은 곳이에요. 이 외에도 데코용품, 생활용품 등 특별함이 묻어나는 제품들이 가득하답니다.

3. 우먼스랩
www.womanslab.com

우먼스랩에는 실용적인 주방용품, 쿠션이나 러그 등의 홈데코 용품, 국내에서 구하기 힘든 수입 제품 등 다양한 제품들이 많습니다. 특히 이곳에서는 매주 수요일마다 한 가지 상품을 할인해서 판매하는 '웬즈데이 세일' 이벤트를 진행하고 있는데요. 예쁘고 아기자기한 제품을 값싸게 구입하고 싶다면 이런 획기적인 이벤트를 노려보는 것도 좋겠죠?

다이어트에 좋은 식재료에는 어떤 게 있을까?

닭가슴살

닭가슴살은 다이어트 식품으로 빼놓을 수 없는 재료인 만큼 다양한 맛과 형태로 시중에 판매되고 있는데요. 퍽퍽하고 밍밍해 금방 질리기 쉬우니 브랜드나 맛별로 구입해서 먹어보는 게 좋아요. 자기 입맛에 맞는 걸 찾아야 쉽게 물리지 않고 꾸준히 먹을 수 있겠죠? 단, 닭가슴살 구입 시 칼로리 체크는 필수입니다. 닭가슴살이 조금 짜다 싶으면 생수에 담가서 짠 맛을 빼고 섭취해도 좋아요.

두부 소시지

다이어트를 하는 중에 '맛있는 반찬이 너무 먹고 싶다' '뜨거운 밥에 햄 한 조각 올려 먹고 싶다' 하는 생각이 든다면 두부 소시지를 추천합니다. 맛도 다양하고 칼로리도 낮은 편이라 맛과 영양을 동시에 챙길 수 있는 훌륭한 다이어트 식품이에요. 두부 외에도 닭가슴살로 만든 소시지 등 다이어트에 도움이 되는 다양한 제품들이 많이 나오고 있는데요. 칼로리와 성분 표시를 꼼꼼히 확인하고 구입한다면 더욱 건강하고 올바르게 다이어트를 할 수 있겠죠?

삶은 계란, 구운 계란

계란을 삶아 일일이 까 먹기가 귀찮다면 시판하는 계란을 이용해도 좋습니다. 요즘에는 편의점이나 마트에서도 삶은 계란이나 구운 계란을 쉽게 구입할 수 있어요. 시간에 쫓겨 밥을 챙겨 먹지 못했다거나 간식이 생각날 때 하나씩 먹기에 좋은 다이어트 식품이랍니다. 샐러드 등에 곁들여 먹으면 쉽게 질리지 않고 맛있게 즐길 수 있을 거예요.

버섯

버섯은 향이 좋아 국물을 내거나, 볶음요리에 소스나 육수 대신 사용하면 깊은 맛을 낼 수 있어요. 또한 버섯을 손질해 샐러드나 구이 등에 활용하면 많이 먹지 않아도 포만감을 느낄 수 있을 거예요. 버섯은 칼로리가 낮을 뿐만 아니라 비타민, 무기질 등이 풍부하고 면역력을 높여주는 데 도움이 되기 때문에 다이어트에 좋은 식재료로 적극 추천합니다.

저열량 치즈

일반적으로 '치즈'하면 칼로리가 높다고 생각하는데, 치즈라고 무조건 다 그렇지 않아요. 시중에 판매되고 있는 다양한 치즈 중에도 저열량으로 나오는 치즈가 있다는 사실! 치즈를 구입할 때 열량을 확인하고 구입한다면 다이어트 중에도 고소하고 맛있는 치즈를 마음껏 먹을 수 있을 거예요.

닭가슴살 캔

닭가슴살 캔은 일반 닭가슴살보다 더욱 간편하고 손쉽게 요리할 수 있어요. 잘게 찢겨져 있고 촉촉하기 때문에 그냥 먹어도 괜찮고, 물기를 뺀 닭가슴살을 샌드위치나 볶음밥에 넣어 먹어도 좋아요. 간단한 다이어트 식품을 먹고 싶다면 닭가슴살 캔을 추천합니다.

Index

요리 종류순

웨딩
다이어트
100일이면 충분해

초판 1쇄 | 2015년 5월 17일

지은이 | 한지혜

발행인 겸 편집인 | 유철상
기획 | 남유니
책임편집 | 황유라
교정·교열 | 황유라
디자인 | Luna Design
마케팅 | 조종삼, 남유니, 임지연

펴낸 곳 | 상상출판
주소 | 서울시 동대문구 정릉천동로 58, 103동 206호(용두동, 롯데캐슬 피렌체)
구입·내용 문의 | **전화** 02-963-9891, 070-8886-9892 **팩스** 02-963-9892
이메일 cs@esangsang.co.kr
등록 | 2009년 9월 22일(제305-2010-02호)
찍은 곳 | 다라니

※ 가격은 뒤표지에 있습니다.

ISBN 979-11-86517-05-5 (13590)

www.esangsang.co.kr